花时间

千颜——色彩主题花束

包装设计

[日]株式会社 KADOKAW

冯莹莹 译

中国水利水电出版社
www.waterpub.com.cn
·北京·

精美花束寄托着深深情意

我们通过赠花向对方表达祝贺、感谢及鼓励之意，而最受欢迎的赠花形式就是"花束"。

"花束"融合了选花、捆扎、包装等若干元素，同种花材在不同搭配、包装的衬托下能呈现出完全不同的风格（如右图）。可以说，花束是这世界上独一无二、不可重现的绝妙礼物。

根据对方喜欢的花色、花材，制作一束满载着季节芬芳的美丽花束，它一定帮您传达出心中的绵绵情意。

如果您不知道如何扎出不同风格的花束，不妨参考本书。因为书中收录了适合于不同场合的各式"花束"，一定会让您的赠花更加光彩夺目！

No.

001

大红色菊花搭配艳丽的粉色菊花，包装花束的粉格棉布更添柔美气息。

花艺/田中（光）摄影/山本

主角花 * 菊花2种

配角花 * 软羽衣草

不同的花色和包装
方式能让同种花材
呈现出不同风格!

No.
002

明艳的橙色和黄色的菊花让人
备感温暖,包装花束时可稍微
缩短花束的"裙摆"长度。
花艺/田中(光) 摄影/山本
主角花＊菊花2种
配角花＊软羽衣草

No.
003

白花与绿叶的组合让人备感清
新,同时点缀些粉花,又添几
分甜蜜气息。
花艺/田中(光) 摄影/山本
主角花＊菊花2种
配角花＊软羽衣草

Contents

颜色知识

成为花束达人！

Column

本书的使用方法

* **花材名称** / 均以常用名表示。其中，"主角花"指花束中起主角作用的花材，"配角花"指花束中起配角作用的花材、绿叶及果实等。在花材名称后面的( )里标明该花材的固有名称，即品种名。

* 关于花束的制作者和拍摄者仅列出姓氏，具体信息请参照 P185～P187 页内容。

Pink

粉色

粉色花束能让女性感受到恋爱般的甜蜜，
仿佛吃到了棉花糖或是果汁软糖。
用粉色花束作为新生儿贺礼或是送给母亲的谢礼
再合适不过。
我们应根据具体场合区分使用深浅略有不同的樱粉、
桃粉及玫瑰粉等粉色。

祝贺您喜得贵子（千金），
希望您和孩子都喜欢这
束花！

例 No.009

Gift Bouquets

感谢您多年的养育之恩，
祝您永远年轻美丽！

婚礼上送给母亲的礼物
例 No.006

纯粉与深粉交织
而成的甜美花束

糖果般甜蜜的纯粉

No.
004

**朵朵小花
营造出甜美氛围**

这是一束让人备感惊喜的粉色花束。点缀在纯粉色蔷薇之间的同色系小花充分提升了可爱感，而羽毛状的黄栌和清爽的香草则让花束外观更显轻盈。

花艺/田岛　摄影/落合
主角花▪蔷薇（Bambina）
配角花▪山月桂、寒丁子、黄栌、芳香天竺葵

馥郁迷人的暗粉

No.
005

简单造型
尽显艳丽花色

浓艳的粉色花朵宛如一位风韵十足的
佳人。即便没有过多装饰，也足以彰
显它的美丽。在庭院里随手折几枝馥
郁芳、浓淡相宜的蔷薇就扎成了一
束颇具自然风格的花束。

花艺／大槻　摄影／落合

主角花＊蔷薇（Jardins、Perfume）

浓淡相宜、造型自然的缤纷花束

No.
006

蝴蝶兰
让可爱花束更显雅致

浓淡相宜的各类粉花让整体色调显得十分自然，在华丽的大朵花之间点缀几枝明艳的蝴蝶兰会让花束更显雅致。另外，不使用叶材还能间接增强花色视觉效果。

花艺／并木　摄影／栗林
主角花＊大丁草、花毛茛
配角花＊蝴蝶兰

轻盈柔美的
小花花束

用色调深浅不同的小花扎成的花束十分甜美可爱。在明艳的粉蔷薇周围，点缀着小朵蔷薇和形如野花的松虫草，如此轻盈的质感让人忍不住想轻抚一二。

花艺 / 渡边　摄影 / 小西

主角花 ＊蔷薇（Forever、Happy Tear）

配角花 ＊蔷薇（Little Silver）、菊花、松虫草、花毛茛、紫罗兰等

❀ **颜色知识** ❀

粉色 ⋯⋯⋯⋯⋯ *Pink*

象征着内心的满足与热情，
不同深浅的粉色能营造出不同效果。

很多人认为粉色具有舒缓心情的功效，其实这种作用仅限于浅粉色。轻盈柔美的浅粉色能缓解紧张情绪、稳定心理状态。当今，人们生活节奏过快，每个人都会受到不良情绪的影响。赠送一束浅粉色花束不仅能让对方获得精神上的满足，还能帮您构建自然、和谐的人际关系。另外，深粉色花束与红色、白色或紫色花组成的花束虽然不像红色花束那样热情洋溢，但也具有鼓舞对方的作用。尤其要提到的是，粉色花束在表达爱意方面的独特优势，一束漂亮的粉色花束绝对是您收获爱情的"得力助手"。

[象征性·印象]

幸福、甜蜜、恋爱、温柔、棉花糖、优美、梦幻、浪漫、爱意、女性的柔美、春天、樱花

[心理功效]

● 舒缓焦虑情绪
● 保持年轻心态

[主要花材]

全年：蔷薇、百合、菊花、大丁草
春：郁金香、花毛茛、香豌豆
夏：芍药
秋：大波斯菊、秋牡丹
冬：一品红

让对方忍俊不禁的椭圆
花冠。所用品种十分适
合，其独朵花的姿态也
如此生动！

No.
008

独特包装
更显生机勃勃

粉色瓣边的郁金香宛如一位初
次涂口红的调皮少女，虽然整
个花束仅有一个品种也非常夺
人眼球。用半截帘的方式包装
花束不仅方便，还利于展示帘
上的印花图案。

花艺/Yitou 摄影/中野
主角花＊郁金香（Ganders
Rhapsody）

浑圆花朵
仿佛幸福的泪滴

图中浑圆而可爱的蔷薇品种名
为 Happy Tear。虽然这些淡
粉发红的花朵花形较小，却极
具存在感。在花朵初开之时将
其扎成一束，再用棉布包成褴
褛风格的花束，用它作为新生
儿贺礼再合适不过！

花艺 / 佐藤　摄影 / 青木
主角花＊蔷薇（Happy Tear）

用放射状开放的蔷薇扎
成的花束，其外观自然
而有层次，非常漂亮。

蔷薇

No.
009

用单一花卉营造
出的极致幸福感

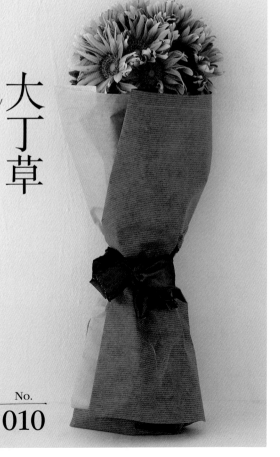

大丁草

新奇花色让花束更显生动！

灵动花瓣
恰似美味意面

自由伸展的花瓣显得十分有趣，
大丁草可谓是粉色花束的首选花
材，其灵动的花瓣粉中带橙，色
调极为协调。用双色纸包装会更
显华美气息。

花艺 / 山本　摄影 / 栗林
主角花＊大丁草

No.
010

13

颇具浪漫氛围的
柔美花束

用不同色调的粉花
营造层次感

也许有人觉得浅色系花束的存在感较弱，其实并非如此。我们可尝试将不同色调的粉花组合在一起，例如用1枝蓝粉色风信子和1枝粉红色松虫草来搭配1枝糖粉色蔷薇，尽管花束的花量有限，却极具存在感。

花艺/森　摄影/中野
主角花＊蔷薇（Fantasy）
配角花＊风信子、洋桔梗、松虫草

通透轻盈的
褶瓣花花束

所选花材质感轻盈，其淡雅花色烘托出甜美气息。花束中的褶瓣康乃馨与透明质感的香豌豆相映成趣。捆扎花束时，应使香豌豆置于花束上部，由此能充分营造出轻盈美感。

花艺/落　摄影/中野
主角花＊康乃馨
配角花＊香豌豆、石蒜

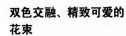

No.
013

双色交融、精致可爱的
花束

用品种丰富的花材制作花束十分有趣，例如康乃馨就有花纹型品种、镶边型品种及锯齿瓣边型品种等。选用不同色调的粉色康乃馨能制作出色彩缤纷的可爱花束，另外用绿色花蕾代替叶材也是不错的创意。
花艺 / 高山　摄影 / 山本
主角花 * 康乃馨（Dark Tempo、Light Pink Tessie 及其他 3 种）

淡雅草花
是点睛之笔

充分发挥小花的作用是提升花束可爱感的不二法则。柔美的珊瑚粉色花朵周围点缀着樱小町，由此也提升了风信子的可爱感。最后，给花束扎一个大蝴蝶结增加甜美气息。
花艺 / 佐佐木　摄影 / 落合
主角花 * 风信子
配角花 * 樱小町、康乃馨

No.
014

在堪称"赠花季"的春季
用粉色花卉寄托浓浓情意

牡丹

又名"富贵草",春牡
丹常于4~5月开放。

Column 1

No.
015

众多粉色花卉在
春季里争奇斗艳

身着华服的
"宫廷贵妇"

让人备感兴趣的华美花材——
牡丹,被捆扎成独具魅力的花束。
牡丹与蔷薇的组合堪称东西合璧
的完美典范!包装花束用的折叠
手帕仿佛日本宫廷贵妇身穿的
十二单礼服,点缀其上的毛球饰
带更显别致。
花艺/井出(恭)摄影/山本
主角花＊牡丹
配角花＊蔷薇(Yves Piaget)

樱花盛开的季节总是让
人满怀期待。其实,春季
也是很多粉色花卉争相
开放的季节,尤其是种类
丰富的郁金香、花毛莨和
香豌豆等常被用作开学
贺礼赠花。粉色花卉品种
丰富、色调多样、开花方
式各异,无论制成甜美系
花束还是成熟系花束,都
会让您的赠花格外出彩。

No. 016

锯齿瓣郁金香
更显高雅

最令人惊奇的是此种郁金香的花瓣边会呈流苏状。花束中的郁金香埋于丁香之中，使其特有的锯齿瓣边格外显眼。另外，在包装纸上粘几片郁金香花瓣会让花束的整体风格更为一致。

花艺/泽田　摄影/山本
主角花＊郁金香（Fancy Frill、Huis Ten Bosch）
配角花＊蔷薇、丁香等

櫻花

最先于春季开放的是庆应樱，然后是八重樱。

郁金香

即使插入花瓶中，花茎也会不断生长，其弯曲的花茎显得自然而奔放。

No. 017

浓绿叶色衬托
下的柔美花色

包裹在浓绿叶色中的柔和花色显得格外醒目，其秘密就在于点缀在樱花之间的桉树枝。圆形桉叶具有一定缓冲作用，能有效防止花朵受损。樱花的花期极短，因此我们更要小心呵护花朵。

花艺/涩泽　摄影/栗林
主角花＊樱花3种
配角花＊迷迭香、绵毛芙蓉、桉树枝、牛百合

鲜亮叶色
让花形更显饱满

弧形浅粉色芍药花束搭配宽大的紫萼叶，由于两者同为初夏时节的和风花材，此种组合显得既新颖又和谐。另外，在花与叶之间插入一些黄栌叶还能加强花束的整体性。

花艺／野崎　摄影／山本
主角花＊芍药（Loose Belt、Sarah Bernhardt）
配角花＊黄栌、紫萼等

芍药

粉色系品种十分丰富的花材，制作赠花时最好选择初绽的花株。

田野百合
尽诉相思之意

小巧可爱的乙女百合具有华丽大百合所没有的田野风情，再搭配几朵小野花和三叶草，更显得花束活泼可爱。

花艺／并木　摄影／山本
主角花＊乙女百合
配角花＊三叶草、柠檬香蜂草、牛至、蕾丝花

百合

日本原有种百合十分可爱。除了粉色的乙女百合之外，还有粉色的日本百合。

美丽的夏季使者
让人备感清新、愉悦

洋桔梗

常于 6 ~ 8 月盛放，
由于该花在夏季也能
保持较长花期，非常
适合用作赠花。

No.
020

轻盈舞动的甜美少女

使用 5 枝洋桔梗扎成的甜美花束，其
独有的褶瓣花瓣显得婀娜多姿，即使
不加入任何配角花也如此华美。另外，
选用白色、浅茶色相间的淡雅布料色
装花束能让其外观更显优雅。

花艺／落　摄影／落合

主角花＊洋桔梗（Double Pink）

Column **2**

**粉中带蓝的赠花
为夏季带来丝丝凉意**

粉色系色调十分丰富，而
夏季最适于选用粉中带蓝
的花材。除书中提到的花
材之外，还有万带兰、莫
氏兰、唐菖蒲等。这些花
材不仅能营造清爽气息，
还易于搭配其他花材。一
种花材搭配适量叶材就能
轻松扎成一束漂亮的花
束，这也让少花时节变得
更有情趣。

秋高气爽之时
时令花色更显浓艳

菊花

有多种粉色系品种，将其作为主角花便可扎成清新、芬芳的花束。

No.

021

紧凑花束
突显纯美花颜

只需将放射状菊花的花茎拢在一起，就能扎成一个漂亮花束。该花束的制作过程十分简单，即使初学者也能轻松完成。选用桃粉色菊花更有秋韵，同时搭配密生型小花可令菊花更为醒目。

花艺／增田　摄影／落合

主角花＊菊花

配角花＊绣球花、茴芋、雪叶莲等

Column 3

粉红叶片和果实是秋季里的一道独特风景

秋季的粉色花材有大波斯菊、秋牡丹以及迎来最佳花期的蔷薇、天竺牡丹等。随着气温下降，花色愈发鲜亮，而此时各种树叶、果实也会逐渐变红。由于粉色与红色属同种色系，十分便于组合搭配。用秋季的红叶与果实搭配粉色花材，一定能做出满载季节感的完美花束。

No.
022

光亮果实映衬下的
丰美蔷薇

重瓣蔷薇花束显得异常华美，再
点缀几枝粉红色雪果长枝，其特
有的垂度更添华丽感。另外，添
加在花束手持处的深色叶片还能
起到中和花色的作用。
花艺 / 浦泽　摄影 / 中野
主角花＊蔷薇（Dolce Vita＋）
配角花＊雪果

彩叶

深色叶片别具秋韵，同
时让花朵更显华美。

果实

缀满枝条的可爱果实将
丰收季演绎得淋漓尽致。

No.
023

深红叶片衬托下的
高贵花容

秋季蔷薇的花色愈发艳丽、醇
厚，其中不乏一些深红色及黑
红色的深色花材。该花束中围
绕在花材周围的龙血树叶充分
突显出蔷薇的古典美感，无疑
是整个花束的点睛之笔！
花艺 / 田岛　摄影 / 泊
主角花＊蔷薇（Yves Piaget）
配角花＊天竺牡丹（黑蝶及另
外一种）、绣球花、马蹄莲、
锦紫苏、龙血树等

Winter's Flower

用冬季花卉
褒奖一年的辛劳

风信子

常于深秋时节开放的球根花材，因其剪下的花株也能正常生长且花茎结实，常用作赠花。

No.
024

舞动于枝端的优雅精灵

蝴蝶兰具有出众的华美气息，用白色和纸包装花束再系上蕾丝网纱，并使网纱保留一定长度。如此一来，花枝便会随着人走动而轻摆，仿佛婚礼捧花。选用花芯为淡粉色的品种更添可爱气息。

花艺 /Yito　摄影 / 山本
主角花＊蝴蝶兰 2 种
配角花＊绣球花（安娜贝尔）

身着晚礼服的娇媚佳人

完全由风信子组成而不放入任何配角花的独特花束，点缀其间的风信子叶姿态极为伸展。用不同色调的紫色包装纸包装花束，能进一步烘托出馥郁花香。

花艺 / 三代川　摄影 / 山本
主角花＊风信子

蝴蝶兰

非常便于使用的小型品种，能让您赠送的花束更显高雅。

No.
025

一品红
常于圣诞节期间上市，
有重瓣型及花纹型等多
个品种。

No.
026

艳如蔷薇的圣诞赠花

重瓣一品红开花时酷似蔷薇，其艳丽花色
与华美花形让人爱不释手。如再用几枝蔷
薇和香草增加香气，就做成了一束完美的
圣诞赠花。

花艺 / 落合　摄影 / 山本
主角花 ＊ 一品红（Winter Rose Pink）
配角花 ＊ 蔷薇（Ambridge Rose）、蔷薇、
芳香天竺葵

Column **4**

**哪些花适于用作
冬季赠花**

花店在圣诞节前和圣诞
节后会摆放完全不同的
花材。在圣诞节前夕，最
常见的花材是蔷薇和一
品红，尤其是一品红，当
属时令花材。然而，在圣
诞节过后，各种装饰新
年的和风花材（如兰花）
就成了主流。其实，冬季
花材的种类也很丰富，您
不妨制作一束特别的冬
季赠花。

由各种缤纷蔷薇
描绘的甜美图画

No.
027

多种粉色组成的
甜美花束

用不同色调的粉蔷薇扎成的漂亮
花束。无论是蓝粉色蔷薇、大理
石纹蔷薇还是艳粉色蔷薇都显得
光彩熠熠，点缀其间的浓绿叶片
更添自然气息。
花艺／浦泽 摄影／中野
主角花＊蔷薇（Yves Piaget 等）
配角花＊黑加仑、软羽衣草叶

Rose

蔷薇的巨大魅力

蔷薇堪称最受欢迎的赠花花材
其丰富花色与多变花形让人目不暇接

很多人在赠送花束时，都会首先想到蔷薇。蔷薇花形唯美、浪漫，品种多样，而且花色也非常丰富，除了纯蓝和纯黑之外，几乎囊括了所有颜色。单就粉色系蔷薇而言，就有不同色调的诸多品种，即使同花色的蔷薇，其开花方式也不尽相同。正因为如此，才使得蔷薇成了花束的宠儿。蔷薇的最佳花期是春、秋两季，而且同种蔷薇在不同季节里往往会呈现出不同的花色和姿态，这也是蔷薇的魅力所在。如能将蔷薇与其他花材巧妙组合在一起，一定能做出独一无二的美丽花束。

不同颜色蔷薇的花语

- 粉色 ⋯⋯⋯⋯⋯⋯⋯⋯ 满满幸福
- 红色 ⋯⋯⋯⋯⋯⋯⋯⋯ 爱你
- 橙色 ⋯⋯⋯⋯⋯⋯⋯⋯ 包容的爱
- 黄色 ⋯⋯⋯⋯⋯⋯⋯⋯ 勇敢的心
- 白色 ⋯⋯⋯⋯⋯⋯ 我是最适合你的人
- 绿色 ⋯⋯⋯⋯⋯⋯⋯⋯ 恬静的日子
- 紫色 ⋯⋯⋯⋯⋯⋯⋯ 自豪、文雅

Memo

**蔷薇的香型
包括从甜香型到
浓香型6种香型**

如果想让对方产生幸福感，最好选择香气浓郁的蔷薇。目前，可通过有效的栽培法使剪断的蔷薇花枝持续释放香气。在此，主要介绍花店中常见的6种蔷薇香型。

大马士革玫瑰香
来源于暗哑色系的玫瑰，其香气浓郁、热烈。

茶香
如新鲜红茶般清爽而高雅的香气。

果香
如熟透的杏等水果散发出的新鲜果实香气。

冷香
常见于紫色系蔷薇，其浓郁香气中带有清爽的柠檬味道。

香料香
浓郁的甜香中混有丁香的味道。

没药香
香气似茴芹，常见于英伦蔷薇。

粉色系蔷薇的开花方式及花色十分多样

* 高蕊开放

外侧花瓣展开后，花冠中心处于较高位置的开花方式。这类蔷薇包括外瓣呈尖尖角翘翘的尖瓣品种和外瓣浑圆外翻的圆瓣品种。

图中蔷薇是Sweet Avalanche

* 杯状开放

花朵开放时呈饱满杯状，常见于很多新品种蔷薇。某些花瓣稍微外翻的品种也属杯状开放。

图中蔷薇是Happy Tear

* 半杯状开放

花朵呈杯状开放时，外瓣展开而内部凹陷且花瓣紧密贴合。该类型蔷薇也开始逐渐走入人们的视线。

图中蔷薇是Pas De Deux

* 莲座式开放

大小花瓣交错重叠的华美开花方式。如果花冠中心呈四分区状，则为四分莲座式开放。

图中蔷薇是美咲

* 平式开放

少瓣型蔷薇完全展开花瓣的开花方式，包括单层瓣、半重瓣等多个品种，其漂亮的花蕊也为花株增色不少。

图中蔷薇是Ballerina

少女风蔷薇花束
尽显浓浓爱意
就连包装方式也如此别致

No.
028

No.
029

少女风蔷薇…
京

DIY 包装更显亲切、甜蜜

京蔷薇酷似舞姬发饰,其多层花瓣十分华美,盛开时连花蕊都清晰可见。所选的毛毡外包装适于亲切感十足的花卉,再点缀几颗木纽扣则更显温润。
花艺／大槻　摄影／落合
主角花＊蔷薇(京)

少女风蔷薇…
Strawberry Parfait

呼唤幸福小鸟的蔷薇花巢

深浅适宜的杏色蔷薇Strawberry Parfait 花形浑圆、瓣形丰美,极具梦幻感。仅使花颜外露的巧妙包装让小鸟图案跃然花上,而独特的浅色包装纸则让花色更显洗练。
花艺／胜田　摄影／栗林
主角花＊蔷薇(Strawberry Parfait)

少女风蔷薇：
Yves Piaget

香气四溢的大朵
"梅莉亚（Melia）"

仅用两株艳丽芬芳的粉蔷薇就做出了一束颇具少女风的赠花。包装要点是用若干张同色系薄纸包在花周，同时将纸边修剪成花瓣形并做出褶皱，如此就做成了一束形似梅莉亚的花束。

花艺/吉田　摄影/中野
主角花＊蔷薇（Yves Piaget）

少女风蔷薇：
Spray Hot

铺满花束的
樱花色心形瓣

Spray Hot 的花瓣呈心形，极适于制作甜美风花束，如在包装纸上沾满花瓣则更添甜蜜气息。由于此种蔷薇每朵花的色调均稍有不同，因此仅需一种花材就足以做出漂亮花束。

花艺/浦泽　摄影/中野
主角花＊蔷薇（Spray Hot）

No.
032

最受姑娘喜爱的
美丽纱裙

花茎细长而柔软的郁金香最适于制作此花束。让花茎穿过蝉翼纱筒并用布艺发圈固定，以充分衬托出所选花材的细腻花色。虽然整个花束仅有3枝郁金香，却也显得格外可爱。
花艺/田口　摄影/中野
主角花＊郁金香（Weavers Parrott）

酒红色衣装更显成熟

餐巾最适于包装伴手礼花束。此时，粉嫩的大丁草在酒红色餐巾的衬托下显得格外优雅，而代替饰带的餐巾环也点缀得恰到好处。包装时可适当回折上部餐巾，以充分露出花颜。
花艺/相泽　摄影/中野
主角花＊大丁草

No.
033

适于用作伴手礼的
可爱小花束

No.
034

利用印花纸袋的
简约包装

利用印花纸袋的简约包装最适于包装日常赠花，将花束直接放入袋中后便可赠予对方。微露花容的粉色康乃馨与纸袋上的花纹及系绳的颜色十分协调，整个外观显得既时髦又简约。
花艺／相泽　摄影／中野
主角花＊康乃馨

纤弱可爱的蔷薇花毯

可爱的粉色小蔷薇轻轻拨动着天真烂漫的少女心。包装时仅需将格子布缠卷在花束手持处，切勿过度翻折布料，同时用硬纸加固布边，整个花束外观形似花毯，让人不由得想用心呵护。
花艺／青木　摄影／山本
主角花＊蔷薇（Fairy）

No.
035

大胆引入黑色
打造别具一格的
华美花束

No.
036

**点缀在粉花间的
黑色露珠**

大丁草的花芯呈黑色圆盘状，
如在花间点缀几个黑色圆形毛
毡饰品会让整体造型更加有趣。
俏皮、可爱的大丁草最适于制
作此种花束。

花艺/市村　摄影/中野

主角花＊大丁草2种

黑白波点包装
颇具时尚感

多个蝴蝶结
更显可爱

No.
037

**大蝴蝶结能让单一
花材更显华美**

选择质感不同的两种厚实黑布
和一种黑白格子布做饰带，并
将其扎成能覆盖整个花茎的大
蝴蝶结。这种独特的饰带包装
让数枝风信子显得雍容华贵。
花艺 / 市村　摄影 / 中野
主角花 ＊ 风信子

Column **5**

**带图案的黑色元素
更易搭配花材**

黑色元素能让粉色花材更
具时尚气息。除了布料和
饰带之外，黑色的蕾丝、
天鹅绒及流苏等均可用作
包花材料。不过，尽量不
要选择纯黑色的包装材
料，而应选择格子、波点
或印花型黑色包装材料，
这样会更易于搭配花材。
就让我们用黑色元素给花
束营造出时尚美感吧！

轻盈动人的甜美花束
仿佛田间野花

No.
038

用庭院花朵扎成的
可爱花束

用矮株雏菊和高株海葵扎成的
可爱花束。用庭院花制作花束
时切勿过度修剪。选用带图案
的纸袋包装花束会更显可爱，
最后再配以不同颜色的系绳。
花艺/大川　摄影/落合
主角花＊海葵
配角花＊雏菊2种、龙面花

No.
039

隐于三叶草中的
美妙铃音

从春季至初夏，很多花店都会
推出的一种粉色花材就是风铃
花，其朴素、可爱的花形与三
叶草极为相称。制作花束时应
充分保留两种花材的花茎，以
使球形花与铃形花更具动感。
花艺/佐藤　摄影/中野
主角花＊风铃花
配角花＊三叶草

包于蕾丝纸中的朦胧樱粉色花束

浅粉色翠雀花乍看之下酷似樱花，如配以大量小花更能充分突显出花朵的烂漫气息。选择小花时最好选择圆形花冠且花株结实的品种。
花艺 / 落　摄影 / 栗林
主角花 * 翠雀花
配角花 * 紫罗兰、樱小町、樱草

No.
040

No.
041

质朴可爱的石竹花束

石竹配以和风麻布充分演绎出田野秋韵。花束中的石竹或伸展花茎或隐于花丛，其外观既自然又具有层次感。同时，点缀在花茎底部的嫩绿色虾衣草也增添了几分清爽气息。
花艺 / 市村　摄影 / 山本
主角花 * 石竹
配角花 * 景天、虾衣草

自由奔放的田野花束

选用花茎细长的花材扎成的花束颇具田野风情。用浅粉色网眼纱和带有全线刺绣图案的薄布轻轻包裹花束，会让这束大自然孕育出的可爱精灵更显柔美。
花艺 / 大川　摄影 / 落合
主角花 * 白花茼蒿
配角花 * 郁金香、樱小町、松虫草等

No.
042

主角是粉中透紫的褶瓣蔷薇

此种蔷薇最适于制作治愈系花束，其粉中透紫的绝妙花色仿佛由水彩调制而成，花间的鲜绿香草叶则让花色更显古典雅致。

花艺／并木　摄影／山本
主角花＊蔷薇
配角花＊洋桔梗、泰莓、肉桂罗勒、芳香天竺葵

微蓝淡染的高雅花色

花束中的粉色康乃馨花瓣微带蓝色，选用镶边品种为主角花，并使花株呈现出高低错落之感，同时将艳粉色花朵置于花束手持处以让整体色调更为凝练。另外，织女风铃草的泛白叶片最适于搭配蓝粉色花材。

花艺／齐藤　摄影／森
主角花＊康乃馨3种
配角花＊织女风铃草

No.
043

No.
044

能巧妙融合其他 色系的裸粉色

**草花簇拥下的
熟女风花束**

裸粉色蔷薇 Yves Silva 与初绽
的华美芍药组成的花束颇具浪
漫气息。选用带有小花图案的
布料包装花束能充分提升草花
的精致美感。

花艺 / 柳泽　摄影 / 泊
主角花＊蔷薇（Yves Silva）
配角花＊蔷薇（Yves Miora）、
粉星花、新娘花、大星芹、兔
尾草等

No.
045

用较大绿叶
营造时尚感

No.
046

**红掌花叶映衬下的
华美蔷薇**

花与叶的组合显得既大胆又有
新意！颇具南国风情的叶片让
轻盈、柔美的大朵蔷薇更显得
雍容华贵。整个设计既高雅又
富于现代感。

花艺 / 浦泽　摄影 / 中野

主角花＊蔷薇

配角花＊红掌花叶

绿叶能使粉色
花材更具存在感

颇具野趣的大波斯菊花束

该花束使用木贼固定大波斯菊花茎，其操作十分简单，只需提前将木贼修剪规整，然后用金属线将其串成卷帘状即可。最后给花束系上编绳，就做成了一束可直立放置的漂亮花束。

花艺／井出（绫）摄影／坂齐
主角花＊大波斯菊
配角花＊蓟、珍珠绣线菊、木贼

用木贼打造雅致的和风花束

No.
047

褐色叶片让粉色花朵更显浓郁

褐色"皮革"包裹的漂亮花束

单层瓣郁金香在褐色喜林芋的衬托下更显高雅、可爱，同时在花与叶之间插入一些红色花材能让整体色调更为统一。

花艺／染谷 摄影／山本
主角花＊郁金香（Pink Diamond）
配角花＊花毛茛、茴芋、喜林芋（Red Duchess）

No.
048

赠送花束时应充分考虑对方的
喜好及具体赠花场景

每当我们去花店选择花束所用花材时，都会被五彩缤纷、形态各异的花卉所吸引。此时，绝不可盲目选择，而应充分考虑赠花的目的、对方的年龄以及对方喜欢的颜色等因素。虽然我们对谢礼型赠花以及送给上司的赠花有一定了解，但是对于工作上的朋友或是远方亲朋的喜好则不甚了解。此时，选择时令花材不失为一种万全之策。当对方看到一束生机勃勃的鲜花时，一定会对这份季节赠礼感到无限欢喜。

如果不知道如何选择花材,请参考以下知识帖

用花色营造氛围

面对五颜六色的花材，我们经常无从选择，此时可先从花色着手。例如，黄色、橙色等维生素色系能让人备感活力，粉色系能营造柔美氛围。我们可以参照比色图表，根据对方的喜好及具体赠花场合来决定花色。

用一种时令花材
制作简单花束

除了樱花、芍药等，还有很多适合制作花束的时令花材。花店中花材的上市时间会稍早于花期，用时令花材制作赠花一定会让对方感受到满满的季节感。此时，应尽量不用配角花，以充分突显出花束的季节美感。

柔和花色能装点
各种房间

如果你的赠花不适于室内装饰，就不免会让对方感到为难。当你不了解对方的家居情况时，最好选择浅色系花束。例如，白色加乳白色、白色加粉色等组合能让白色空间更显雅致。此外，绿色系花束也易于装点各种场所。

叶片包裹的芬芳花束
最适于忙碌人群

"花香"能给你的赠花加分，全年上市的蔷薇和兰花是花香型花束的首选花材。用少量带花香的花株就能扎成一束治愈系花束。另外，用蔷薇叶等结实叶材包装，不仅便于对方直接插瓶，还极具自然美感。

可偶尔尝试一下
个性化花束

独具个人风格的花束让赠花更具趣味。花束会带给人书信般的亲切感，而一束别致的花束则能让久违的朋友回忆起与你共度的快乐时光。制作花束时可任意选择花形可爱、花名有趣的花材，同时应酌情控制花束尺寸以便于操作。

对方是否经常
摆放花卉?

赠花之前，应确认对方是否经常摆放花卉。如果对方喜欢鲜花，可根据自身喜好选择一些时令花材、叶材及果实等，同时让花束中花材保留较长花茎。反之，对于很少摆放鲜花的人而言，赠送小型花束最为妥当。由于对方很可能没有花瓶，赠花时附带一个花瓶并适当剪短花茎会更显贴心。

花束制作的成功秘诀

掌握 **10** 个关键点会让你的花束大放异彩

---

1 赠送对象

● **性别**
□ 男性　□ 女性

● **关系**
□ 上司、老师等对自己有帮助的人　□ 朋友
□ 家人、亲戚　□ 熟人　□ 其他（　　　　　）

● **年龄**
□ 19岁以下　□ 20～29岁　□ 30～39岁
□ 40～49岁　□ 50～59岁　□ 60岁以上

2 赠送目的

□ 生日　　□ 新生儿降生　□ 新房落成、新店开业
□ 升职、调职、退休　　□ 入学、毕业　□ 结婚
□ 纪念日　□ 答辩会　　□ 谢礼　　　□ 致歉
□ 探望　　□ 供品、吊慰　□ 母亲节　　□ 父亲节
□ 季节性活动（　　）　□ 其他（　　　　）

3 花束预算

□ 50元以下　　　　□ 51～150元
□ 151～200元　　　□ 201～250元
□ 251～300元　　　□ 301～500元
□ 501～650元　　　□ 651元以上（　　　）

4 花束外形

□ 弧形　□ 竖长形　□ 其他（　　　　）

5 对方喜欢的颜色

□ 粉色　□ 红色　□ 橙色、茶色
□ 黄色　□ 白色　□ 绿色
□ 蓝色　□ 紫色

6 对方喜爱的花卉

（　　　　　　　　　　　　　　　　）

7 对方喜欢的风格或你想营造的风格

□ 可爱　□ 浪漫　□ 高雅
□ 华丽　□ 时尚　□ 雅致
□ 简约　□ 自然
□ 其他（　　　　　　　）

8 花束体积

□ 小巧、密实　□ 大型

9 赠送方式

□ 外出时赠送　□ 在对方家里赠送　□ 快递、邮寄

10 从制作完成到赠出的所需时间（亲自赠送）

□ 30分钟以内　□ 31～60分钟
□ 61～90分钟
□ 91～120分钟
□ 120分钟小时以上（　　　）

**选择花材的秘诀
就是颜色与风格！**

红色

如太阳般炽热的红色自古以来就是喜庆的代名词，

能帮我们表达出心中的千言万语。

小型红色花束就像番茄、草莓一样可爱而有趣。

另外，红色还象征着热烈的爱情告白，

这一点尤其不能忘记哦！

浓郁的爱之花
让他既惊喜又害羞！

送给男朋友的情人节礼物

例 No.064

Gift Bouquets

寒冬里的生日贺礼
定会让闺蜜倍感温暖

为好朋友庆生

例 No.060

盛放的大朵红花显得落落大方

No.
049

热情如火的红花
定会让对方过目不忘

**红花花瓣与粗茎的组合
真可谓刚柔并济**

红色大朵孤挺花在笔直的粗茎衬托
下显得自信满满。制作时需外露长
茎，同时用细叶捆扎花束能巧妙中
和大朵花的厚重感。

花艺/齐藤　摄影/中野

主角花＊孤挺花

配角花＊水仙百合、麦冬、千叶兰

丰富多变的瓣形让花束更显华贵

**圆形花、褶瓣花、
重瓣花的联袂演绎!**

在一个花束中同时收入多种花
形与色调的红色花材显得贵气
十足!褶瓣蔷薇、圆形蔷薇以
及瓣影重叠的天竺牡丹联袂演
绎的红色"交响曲"是如此
丰富而浪漫。
花艺/熊田 摄影/中野
主角花＊蔷薇（武士[08]、M-
Vintage Red）
配角花＊天竺牡丹、石竹、银
边翠

No.
050

传递爱意、感谢及祝福的
红蔷薇花束
真可谓花束之王

放射型蔷薇更显轻盈

No.
051

舞姿灵动的红色精灵

英文报纸包裹着红蔷薇
Andalusia，其弯卷花瓣形似
火焰，放射状花枝更显灵动。
看似随意的包装，其实暗藏着
"惊喜"。

花艺 / 佐藤　摄影 / 青木
主角花 ＊蔷薇（Andalusia）
配角花 ＊古典蔷薇（Rosa
Chinensis Viridiflora）

Red
红色

用大朵蔷薇烘托华美气息

**黑色包装
让花色更显艳丽**

若隐若现的花束不禁让人拍手称绝！仔细端详后会发现，包装纸中密布着旋涡状红色花冠。V形的开口设计让红、黑色调更趋于协调。另外，包装纸上的饰带压边设计也显得独具匠心。

花艺／熊坂　摄影／山本
主角花＊蔷薇（Fist Edition）

❈ **颜色知识** ❈

红色 ⋯⋯ Red

⬤⬤⬤⬤⬤

能激发积极性与果敢行动力的"能量色"

当您无精打采时，红色饰品会帮您消除倦怠情绪，让您重获好心情。这就是红色的神奇效用。红色不仅象征着火焰、太阳般的热情与活力，还象征着自然、坚强的意志和自信。它通过刺激血液循环和自主神经系统而激发出人们的正面情绪，起到增进食欲、提高身心活力的作用。不过，过度使用红色会引起人体对能量的过激反应，所以应避免在焦虑时使用。

[象征性·印象]

热情、精力充沛、活力无限、爱情、火红的心、火焰、光辉、番茄、草莓、俏皮

[心理功效]

● 激发自信，提升行动力
● 鼓舞斗志

[主要花材]

全年：蔷薇、百合、康乃馨、天竺牡丹、大丁草
春：郁金香、孤挺花
夏：红掌花
秋：石蒜、鸡冠花
冬：一品红、日本海棠

如漆器般精美的
朱红色花束

正统的朱红色蔷薇在黑色和纸的映衬下显得熠熠生辉又极具立体感。同时，在和纸外部贴上华丽的花纹型千代纸（日式彩色印花纸），会让整个花束显得时尚而别具韵味。

花艺／长盐　摄影／青木
主角花＊蔷薇1种

墨色与漆色让红花
更具和风美感

No.
053

形似扎染的绝妙花色
让人爱不释手

选择乳白瓣带红纹的康乃馨品种，将其捆扎成圆形花束再用黑布包装，其外观酷似和服上的扎染图案。最后，在花束手持处系上亮色花纹的绉绸饰带以提亮花束整体色调。

花艺／大槻　摄影／中野
主角花＊康乃馨1种

No.
054

光泽度是花束的
关键要素

轻盈的红色百合，色调浓郁、
雅致，极具和风气息。用具有
光泽的黑叶做成叶环，搭配同
样光亮的百合，整个外观显得
既神秘又高雅。另外，点缀其
间的红色小花也颇为有趣。
花艺/Miyoshi　摄影/栗林
主角花＊百合（Black Out）
配角花＊福寿草、黑叶

母亲节的首选礼物
——红色康乃馨花束

串联花朵的卷曲叶环

选择不同长度花茎的康乃馨做花束时，可在花间点缀几个波浪状麦冬叶环。同时，在手持处搭配几枚大叶片，会让红花、绿叶的组合更显庄重。

花艺 / 桥立　摄影 / 森
主角花 * 康乃馨 1 种
配角花 * 麦冬、加那利常春藤

可爱风

No.
056

庄重风

No.
057

包裹容器的美丽裙摆

当对方解开饰带看到玻璃滗酒瓶中的可爱花束时，一定会备感惊喜。用蜘蛛抱蛋叶包裹容器，便做成了花束加容器的赠花套装。制作时，在叶片内侧粘上金属线会更易于塑型。

花艺 / 森　摄影 / 山本
主角花 * 康乃馨 2 种
配角花 * 石竹 2 种、蜘蛛抱蛋

干练风

巧用整枝龙血树
打造个性化花束

一整枝条纹型龙血树搭配康乃馨的组合。其中的龙血树枝形态自然、叶色鲜亮，是整个花束的亮点，其效果明显优于单个点缀的叶片。最后在花束手持处缠上金属线，以增添艺术气息。

花艺／齐藤　摄影／森
主角花＊康乃馨（Nebo）
配角花＊龙血树

No.
058

高雅风

No.
059

随风轻摆的
灰绿色"蕾丝"

这是一束瀑布捧花风格的花束。先将灰绿色叶材扎成束以营造动感，然后插入花材。每当花枝随风轻摆时，花间的掌叶铁线蕨就像蕾丝一样轻盈飘动。利用身边的绿叶植物同样能打造出高雅而华美的花束。

花艺／齐藤　摄影／森
主角花＊康乃馨2种
配角花＊掌叶铁线蕨、青柠石柑子

Column 6

既省时又利于长期
观赏的母亲节花束

红色康乃馨搭配叶材的组合堪称母亲节的首选花束。绿叶不仅能更好地衬托花色还便于打理，而且观赏期也较长。对于平时忙碌的母亲而言，这样的花束更显贴心。另外，叶材还能帮助红色康乃馨充分融入室内环境。

No.
060

毛线花束更添暖意

首先将各种圆形花捆扎成花束，然后给花环基座缠上毛线，再将花束放入其中。毛线的颜色及缠卷方式显得十分可爱。相信花束的柔软触感一定会在寒冬里为对方送去丝丝暖意。

花艺/恒石　摄影/中野
主角花＊天竺牡丹
配角花＊鸡冠花、蔷薇（Black Beauty）、雪叶莲、绵毛水苏等

造型可爱的小花束
带来的小小惊喜！

No.
061

满载爱意的心形花束

如此可爱的花束定会让所有不
快都烟消云散。在两根熊草围
成的心形环下方，扎一个海葵
花束。艳丽而生动的红色花冠
是如此可爱，将其用作求婚花
束也是不错的选择哟！

花艺/落　摄影/落合
主角花＊海葵（Monarch）
配角花＊熊草

No.
062

热烈、奔放的"小火炬"

将嘉兰逐朵劈分后，其特有的
火焰形花瓣会更加夺人眼球。
用这支红色"火炬"褒奖勤
勉而努力的人最适合不过。另
外，点缀在伸展红色嘉兰花瓣
之间的暗红色花毛茛将"火
焰"衬托得更为耀眼。

花艺/中三川　摄影/小寺
主角花＊嘉兰（Misato Red）
配角花＊花毛茛、Protea
Cordata

颇具神秘感的
暗红色花束
最适于赠送男性

**身着黑色皮衣的
神秘佳人**

将"黑珍珠"蔷薇置于红线压边的
黑色人造皮革上，便做成了一束颇具
个性的花束。为搭配天鹅绒质感的蔷
薇花瓣，特意选用了质感厚实的配角
花材。整个花束的外观优雅不失简约，
充分突出了两朵蔷薇的神秘气息。

花艺/柳泽　摄影/泊
主角花＊蔷薇（黑珍珠）
配角花＊锦紫苏、牛百合、玉龙草、
蒲桃

No.
063

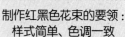

巧妙控制褐色用量
会更显用心

褐色花材虽然漂亮，却很难融入室内环境。选用条纹型常春藤包裹花束不仅能中和褐色用量，还能增添柔美气息。常春藤泡在水中也不易腐烂，将此花束直接放入容器中就做成了一件完美的室内装饰品。

花艺/染谷　摄影/中野
主角花＊郁金香（Jan Reus）
配角花＊常春藤

No.
064

烟花般瑰丽的
红黑色花朵

天竺牡丹是首选的红黑色花材。一般可将其扎成圆形花束，如果想营造花束的力量感，最好选择制作竖长形花束。制作时，让花冠分列左右两侧以营造动感，同时增加花束宽度。另外，铁锈色的配角花材也颇具阳刚之气。

花艺/筒井　摄影/山本
主角花＊天竺牡丹（黑蝶）
配角花＊红掌花、肖竹芋、黑腊梅、新西兰麻

No.
065

Column 7

制作红黑色花束的要领：
样式简单、色调一致

当红黑色花材为主角花时，选择同色系配角花才能充分突显出此类花材的魅力。操作要领是切勿破坏红黑色花材的浓郁花色与神秘气息，如此一来你的赠花定会得到对方的大加赞赏。由于红黑色花材日常并不多见，将其做成外观简约而高雅的花束最为合适。

薄纸

大叶

花瓣式包装更显轻盈

当你想与某人一起分享这朵美丽的蔷薇时，不妨尝试此种花束。先给白色、紫色及浅茶色包装纸做出褶皱，然后再包装花枝，由此会充分突显蔷薇的艳丽花色。如此用心的包装让每片凋落的花瓣都显得格外美丽，而且多层包装纸还具有缓冲效果，能起到一定的护花作用。

花艺 / 佐藤　摄影 / 青木
主角花＊蔷薇（Into league）

独特花材与个性化叶材的绝妙对比

原产于澳大利亚的 Waratah 生有刺猬般的可爱外形。在红色大花冠的衬托下，细长绿叶更显舒展。用个性化叶材搭配一枝花材就能制作一份颇具创意的夏季伴手礼。

花艺 / 中三川　摄影 / 有光
主角花＊特罗比（Waratah）

单枝红蔷薇的独特魅力

No.
068

丝绸

白色和纸

绽放于扇端的浓艳红花

红色、白色和展开的折扇最适于营造喜庆气氛。红黑色天竺牡丹非常适于制作赠花，同时选用带有透明感和圆洞图案的两种和纸做成折扇状，最后再将花材插入两个扇子之间即可。

花艺／山本　摄影／山本
主角花＊天竺牡丹

No.
069

柔滑丝绸更显高贵

丝绸最能衬托出正统红蔷薇的高雅气息。置于花冠下方的胡颓子叶背也很有光泽，整个花束颇具轻奢感。

花艺／落　摄影／栗林
主角花＊蔷薇（Rota rose）
配角花＊胡颓子叶

独特叶材营造出
成熟气息

No.
070

点缀着清爽蔬菜的
美味"沙拉"

如绉纱般的厚纸中包裹着火红的智利水杨梅，其朴素花形与香草极为相称，再点缀一些锯齿叶欧芹会更显清爽。需注意的是，捆扎叶材之前应先充分去掉水分。

花艺/青木 摄影/Chan
主角花＊智利水杨梅
配角花＊千日红、意大利欧芹、卷欧芹

No.
071

No.
072

绿叶夹红花的
诱人"三明治"

侧面观赏时会发现，包裹郁金香花束的是两枚纵向摆放的蜘蛛抱蛋叶，其特有的锐利叶尖与郁金香瓣形极为相称。另外，用柳枝捆扎花束也便于直接放入容器中。

花艺／冈田　摄影／山本
主角花＊郁金香（Pretty woman）
配角花＊巧克力大波斯菊、蜘蛛抱蛋、柳枝等

条纹叶片衬托下的
艳丽花色

龙血树叶可谓首选的彩叶植物，其褐色叶表能充分衬托花色，而红色条纹则能让叶与花的组合更显和谐。毛绒状鸡冠花加上光亮的天竺牡丹，最后包以龙血树叶环，真是质感丰富、层次分明的华美花束。

花艺／熊田　摄影／青木
主角花＊天竺牡丹
配角花＊鸡冠花、紫锥菊、龙血树叶

Orange

橙色

❦

提起橙色花束，

人们自然想到维生素色系中的亮橙色，

从而进一步联想到沐浴着阳光的甜美柑橘。

将橙色加深能做出近红褐色及浓郁的蜜栗色。

橙色除了具有提神醒脑的作用外，

还广泛适用于不同年龄、性别的人。

快看！这花
开得多漂亮啊！

与旅游纪念品一起送给朋友
例 No.080

Gift Bouquets

打起精神来，
唯美妆与美食不可辜负哟！

鼓励失恋中的闺蜜
例 No.082

淡雅、纤细的不同橙色调
调制而成的健康
又营养的"果汁"！

点缀些许桃粉会更显用心

No.
073

轻盈的浅茶色包装
更显柔美

主角花 Silky girl 是近年非常
受欢迎的新娘捧花用菊花。浅
红褐色花材将 Silky girl 的弯
卷花瓣衬托得更加华美，而且
所用花材都充满芬芳。最后，
用网眼纱包装花束，令其整体
风格更为柔美。

花艺／染谷　摄影／落合
主角花＊菊花（Silky girl）
配角花＊香豌豆、香雪兰、香
紫瓣花

❈

浓郁的橙色郁金香让人一见倾心

No.
074

**浓郁色调
仿佛精美油画**

如果纯橙色花朵显略单调，可
加入一些花瓣带有条纹状图案
的花材。图中花束就选用了镶
边型和条纹型两种郁金香。两
种花色的绝妙组合让花束整体
色调更富于层次感。

花艺／浦泽　摄影／Chan
主角花◦郁金香（Princess
Irene、Adrem）

61

一种橙粉色花材
即可营造甜美氛围

No.
075

用褶瓣蔷薇制作而成的
华美花束

La Campanella 蔷薇的波巷花瓣十分特别且花色甜美，仅用这一种花材即可做成一个漂亮的圆形花束。由于每朵花都混入些许粉色，花材用量越多就越能突显出花束的华丽感。

花艺 /Miyoshi　摄影 / 栗林
主角花＊蔷薇（La Campanella）

No.
076

独特叶片让小花更显可爱

小巧可爱的星形垂筒花竟然与红纹龙血树叶如此相称，不禁让人颇感意外。其实，正是橙色花材巧妙缓解了叶色带来的强烈视觉效果，而叶色又充分衬托出花朵的可爱，二者真可谓天作之合！

花艺／并木　摄影／山本
主角花＊垂筒花
配角花＊龙血树叶（Atom）

❀　**颜色知识**　❀

橙色 ·············· 𝒪range

充满活力的橙色堪称"社交色"，而深沉、浓郁的橙色则让人备感安心。

活泼的橙色能充分激发身心活力，属于维生素色系中的一员。由于橙色混合了红色的能量感与黄色的知性感，因此能激发出人们的正面情绪。而且，橙色还具有鼓舞士气、调节社交氛围的作用，所以非常适于装点集会场所。另外，对橙色进行暗化或加深处理，还可用作治愈色。治愈色系的橙色能缓解精神疲劳，而深橙色则会带给人大地一般的充实感和安定感。由此可见，色调深浅不同的橙色能营造出不同的效果，应加以区分使用。

[象征性·印象]

精力充沛、舒适、开朗、夏天、南国岛屿、热带水果、果香、夕阳、秋日远山、丰收

[心理功效]

● 激发身心活力　● 提高社交情绪
● 增进食欲

[主要花材]

全年：蔷薇、百合、天竺牡丹、莫氏兰、大丁草
春：郁金香、花毛茛、罂粟
夏：向日葵、红花
秋：黄秋英、鸡冠花
冬：风信子

时髦又可爱的小花束
带来无限活力

美味的"香橙奶昔"

身着和服的活泼少女

巧妙包装竟然能让南国风的莫氏兰展现出和韵之美！亮丽花色在暗红色包装纸的衬托下更显明艳。包装时，可将千代纸对折后再使用，由此营造出和服般的蓬松效果。

花艺 / 浦泽　摄影 / 落合
主角花 ＊ 莫氏兰
配角花 ＊ 晚香玉

No.
077

No.
078

富含维生素 C 的
"香橙奶昔"

"您是否口渴，要不要来一杯'香橙奶昔'？"图中花束简直能以假乱真！该花束同样用到了莫氏兰，整体外观颇为时尚。橙色条纹纸杯加橙色吸管的组合显得十分有趣，最后再用吸管勒紧纸杯加以固定即制成该花束。

花艺 /Yitou　摄影 / 山本
主角花 ＊ 莫氏兰

用印有小花的暗红
色千代纸包装花材

**用拼贴的旧挂历
包装花卉**

我们可以对颜色漂亮的旧挂历
进行拼贴处理，然后用其包装
亮橙色大丁草。同时，在花束
底部包上图画纸再粘上长条挂
历纸加以固定。略显随意的外
包装正是整个花束的独特之处。

花艺 /Yitou　摄影 / 山本
主角花＊大丁草

看着纸上这些数字，
莫非是……
没错! 就是挂历纸!

No.
079

No.
080

复印杂志
用以包花

**身着人偶服的
"调皮少女"**

包裹着人造毛的百日菊花束形
如可爱的毛绒动物，让人一见
就想轻轻抚摸。如此蓬松而随
意的包装，用亮色硬纸饰带固
定最好不过。

花艺 / 深野　摄影 / 山本
主角花＊百日菊

**带来浓浓夏威夷
风情的南国花卉**

图中是颇具南国风情的莫氏兰
花束，而包装花束的正是夏威
夷杂志的复印纸。如果在复印
时降低色度，就能轻松营造出
暗哑效果。将包装纸卷成锥形
并使图案外露，然后放入花材
即可。

花艺 /CHAJIN　摄影 / 落合
主角花＊莫氏兰
配角花＊垂筒花、天竺牡丹

长绒人造毛

No.
081

精美包装与柔和花色
一定会带给对方
别样惊喜

No.
082

亚麻手袋与珍珠项链的
华美组合

用淳朴的亚麻手袋搭配红褐色
蔷薇，再缠上华美的珍珠项链
就做成了一个最适于送给心上
人的赠礼型花束。选择半开花
材是希望对方能充分欣赏花朵
绽放过程中展现出的优雅美感。

花艺/相泽 摄影/中野
主角花*蔷薇

No.
083

茶色包装更显高雅

暗橙色草兰枝条较长，可直接包装
成花束。衬于花材后方的蜘蛛抱蛋
叶形挺拔，整体外观宛如一幅精美
油画。同时，用茶色系的饰带与布
料包装花束，由于布料质感厚实，
能充分营造出高雅气息。

花艺/Manyu　摄影/山本
主角花＊草兰2种
配角花＊铁草、熊草、蜘蛛抱蛋

No.
084

巧用纸花瓣营造华丽感

形似花瓣的纸环是用图画纸剪
切而成，将其点缀于花材下方，
能让轻盈的大丁草更显华美。
由于花瓣与图画纸的质感颇为
相似，整体效果十分协调。

花艺/熊坂　摄影/山本
主角花＊大丁草5种
配角花＊花毛茛、松虫草等

深色常春藤带来浓浓秋意

你的庭院里一定种有彩叶植物，这里使用的就是叶色随气温降低而逐渐加深的常春藤。仅需几枚常春藤叶就能赋予花束高雅、脱俗的韵味，真不愧是叶材中的瑰宝。最后，用橙色纸袋包装花束，会让外观更具趣味性。

花艺／矾部　摄影／中野
主角花＊蔷薇
配角花＊花毛茛、常春藤等

忆起童年时光的
可爱花草

儿时喜欢玩过家家，经常用叶子当盘子，然后放上红色的花朵和果实。此时，各种花材在红色花楸树叶的围绕下显得异常艳丽，就连橙黄色鸡冠花也颇具怀旧气息。最后，用黄麻布包装花束，并在手持处点缀几个可爱线球。

花艺／筒井　摄影／山本
主角花＊鸡冠花
配角花＊红掌花、紫锥菊、棉花、袋鼠爪花、花楸树

No.
085

No.
086

No.
087

醇厚花色中的橙色蔷薇
让人过目不忘

乍一看花束时，只注意到3枝橙色蔷薇，仔细看才发现还有深红色蔷薇以及形似凤梨的花材。选择深色配角花是为了充分衬托主角花的艳丽。这是一份能带来惊喜的成熟风花束。

花艺／寺井　摄影／山本
主角花＊蔷薇
配角花＊凤梨百合、红黄杨

彩叶及彩色果实能充分凝练花色

No.
088

焦糖色花束让品茶时光更有情趣

用金丝桃、贝壳花等果实型藤蔓花材缠绕橙色大丁草花束，由此营造出松糕般诱人的焦糖色调。同时，将晕染秋色的草莓越橘劈分成短枝后，点缀在花束周围。

花艺 / 筒井　摄影 / 山本
主角花＊大丁草、天竺牡丹
配角花＊菊花、贝壳花、土茯苓、金丝桃、草莓越橘

Column **8**

根据花束风格区分使用深色花材

彩叶和彩色果实非常适于搭配橙色花材，但首先应充分考虑叶材及果实的外形、大小及质感等因素。例如，新西兰麻和蒲桃虽同为胭脂色叶材，但前者质感较硬且叶角锐利，而后者则为小型圆叶，因此能营造出完全不同的效果。由于深色花材极具存在感，是决定花束风格的关键因素，所以应在确定花束风格之后再选择相应花材。

黄色

黄色会带给人云开雾散、重现曙光的明朗情绪。

积极向上的心情自然会带来好运，

因此，黄色花束最适于赠送创业者与喜迁新居的人士。

另外，黄色也是孩子最喜欢的颜色，

用黄色花束来奖励喜获佳绩的孩子也是不错的选择。

在这些激动人心的时刻就用黄色花束来增光添彩吧！

祝您财运、
事业运兴旺发达!

新年伊始赠送朋友
例 No.091

Gift Bouquets

孩子,你做得非常好。
这是妈妈颁发给你的金奖!

庆祝女儿钢琴演奏会成功
例 No.089

太阳般明艳的花朵
让人备感振奋

No.
089

柠檬色花材与柠檬味
叶材的绝妙组合

用金盏花和柠檬蓝桉捆扎成花
束，然后再厚厚地围上一圈柠
檬草，如此一来花束就能直立
摆放。最后，再用三股柠檬草
编成的草绳捆扎花束即可。

花艺/青木　摄影/Chan
主角花＊金盏花
配角花＊柠檬蓝桉、柠檬草

可爱的野花

花名定会让对方又惊又喜!

该向日葵的名字是"莫奈的向日葵"。没错!它正是以擅长画向日葵的法国印象派画家——莫奈的名字来命名的。如此文艺范儿的花束定会让对方备感惊喜。另外,用揉皱的黄色包装纸做出气球般的蓬松效果,能充分烘托出花材的独特趣味。

花艺/中三川　摄影/山本
主角花＊向日葵(莫奈的向日葵)

光彩夺目的夏之花

No.
090

光华闪耀的黄色花束
能带来幸运和幸福

为朋友祈愿幸福的花束

这束鲜花包含着对友人深深的祝福。其中的黄水仙名为Fortune，象征着幸运和成功。同时，在满开的黄水仙之间点缀一些黄色小花，整个花束便呈现出如刺绣品般的精美、绚丽之感。

花艺/熊坂　摄影/中野
主角花＊水仙（Fortune）
配角花＊鸢尾、垂筒花、倒地铃、蜡菊等

No. 092

恰似春色烂漫的花田

作为主角花的黄色花毛茛瓣形丰美、花色纯净，再配以形似刷毛的香芙蓉和筒形垂筒花，会让花束外观更富于变化。最后，用碎花餐巾包裹花束更显可爱。

花艺/筒井　摄影/山本
主角花＊花毛茛
配角花＊垂筒花、香芙蓉、含羞草等

No. 093

清爽果实让花色更显清澈

最华美的黄蔷薇品种当属Toulouse Lautrec，在绿色果实的衬托下，花色显得更加清澈。最后，选用深黄色餐垫布配以白色蕾丝的包装会让花束外观更显高雅。

花艺/胜田　摄影/中野
主角花＊蔷薇（Toulouse Lautrec）
配角花＊英莲果

❀ 颜色知识 ❀

黄色……Yellow

带来希望、提升情绪的能量色

由于黄色的亮度较高，仅需少量运用就足以吸引人眼球，可谓是点燃聚会气氛的最佳用色。同时，黄色还易让人联想到太阳及光明未来，具有提升情绪、激发斗志、协调人际关系等多种心理功效。此外，这种明亮颜色还可能具有刺激大脑、提升判断力的作用。如果您想在工作时集中精力，不妨在桌旁等目光所及之处摆上黄色花卉。不过，由于黄色的视觉刺激较强，过度使用会增加心理负担。因此，使用黄色花材制作赠花时应控制其用量，或者通过搭配其他颜色的花材来淡化黄色色调。

[象征性·印象]

太阳、春日暖阳、朝气蓬勃、幸运、财运、光明未来、油菜花、蒲公英、向日葵、柠檬、鸡雏

[心理功效]

● 提升情绪
● 提高注意力、提升判断力

[主要花材]

全年：蔷薇、百合、菊、大丁草、蝴蝶兰
春：郁金香、花毛茛、香雪兰
夏：向日葵、万寿菊
秋：大波斯菊
冬：水仙

No.
094

圆菊与圆叶构成的伞蜥状花束

在每朵花下衬以牛百合叶做的
"领子"，再用订书机固定即
可。捆扎花束时，可变化花枝
高度和叶尖朝向。片状叶让花
形更显清晰，此种设计也间接
延长了花期与叶期，真可谓一
举多得！

花艺／浦泽　摄影／落合
主角花＊菊
配角花＊牛百合

巧用圆叶与锯齿状红叶增加情趣

No.
095

低调包装最适合害羞的他

可爱的喇叭形小花在雅致的羽
衣甘蓝中若隐若现，即便男士
手持也不会害羞。虽然花束中
仅有一种花材与一种叶材，但
明艳的垂筒花和独特的羽衣甘
蓝的组合显得颇为有趣。此花
束无须再用纸包装，直接赠送
即可。

花艺／市村　摄影／中野
主角花＊垂筒花
配角花＊羽衣甘蓝

No.
096

用彩叶枝条营造和风秋韵

带有季节美感的彩叶枝条十分适于搭配黄色花材。例如，用花楸树枝搭配万寿菊，橙色叶片让明艳的黄花颇具和风之美，再点缀一些浅乳白色花材会让整体色调更富有层次感。

花艺／片冈　摄影／中野
主角花＊万寿菊两种
配角花＊花楸树枝

Column 9

不同叶材能使黄色花材呈现出多种魅力

黄色花材的亮度极高，即便是小型花材也极具存在感，就像蒲公英、油菜花等野外常见的黄色花开总能最先吸引我们的注意。可以说，黄色花材是一种堪与浓绿叶片比肩的高雅而又有趣的花材。如果想适当调整黄色花材的色调，可尝试搭配银色系叶材或嫩绿色小叶植物。

新颖包装材料
会带来别样惊喜

No.
097

用毛毡包装

恍如夜空中的绚烂烟花

如魔术般的巧妙设计！仔细看去竟然找不到花茎？！其实，包装时将花茎穿过黑色厚纸上的孔洞，然后在纸背面捆扎成束。用纸包花能充分遮挡背面视线。包装时需将花束中的各花枝调整成不同高度，以充分营造出烟花齐放的绚烂景象。

花艺／市村　摄影／落合
主角花＊大丁草

身着时髦外套的金发女郎

将马蹄莲的花茎捋直后扎成一束，然后用芥末黄与抹茶绿两种颜色的毛毡将花束包成筒形，其包装外观与花形极为相衬，同时还能充分保护马蹄莲的细长花茎。最后，用皮绳捆扎花束更显随意、高雅。

花艺／深野　摄影／山本
主角花＊马蹄莲

用纸包装

No.
098

No.
099

用玻璃纸包装

蓝色印花纸与浅蓝色饰带是关键

图中花束的主角花是乳白色重瓣菊花，将不同色调的甜美型花材搭配在一起，再用印有蓝色花纹的千代纸包装花束，最后用浅蓝色的蓬松饰带在手持处系一个大大的蝴蝶结，以增添华美气息。

花艺/深野　摄影/山本
主角花＊菊花
配角花＊伽蓝菜、红羽三叶草、绵毛水苏

半开花材的四溢香气也是一种美好馈赠

图中花束使用了橙香型草兰和甜香型蝶兰。用玻璃纸包装不仅能充分封存花香，还能让花材更显美观。对于芬芳的兰花而言，此种包装实属上乘之选。另外，选择同色系的花材能让外观更显雅致。

花艺/佐佐木　摄影/中野
主角花＊草兰
配角花＊蝴蝶兰、麦冬

用千代纸包装

No.
100

赠送花束时应严守赠花礼仪

当你斟酌再三制作的花束得到对方的赞赏时，内心一定感到无限喜悦。其实，赠花成功的关键就在于要足够用心。我们应充分考虑到对方得到花束后的感想、对方是否具备摆放花束的场所及对方是否喜欢此种花香等因素。总而言之，这些细节正是赠花成功的关键。根据具体场合和对象，必须严守最基本的赠花礼仪。在此，整理出最具代表性的 8 种赠花设计方案。由于吊唁和探病时的赠花不同于普通赠花，赠送时需附带说明以免引起误会。

根据不同场合的贴心设计

祝贺新生儿降生

**小型花束更适于
抚慰辛苦生产的母亲**

对于新生儿贺礼花束而言，如果新生儿是男孩，则适于赠送蓝色或黄色花束；如果是女孩，则适于赠送粉色花束。不过，经常看到这束花的毕竟是孩子的母亲，所以色调柔和的小型花束更易于营造安适氛围。当睡眼惺忪的母亲看到沙发旁的美丽花束时，一定会备感温暖。相比之下，过于华丽的大型花束不仅费时费力，还会间接给对方带来压迫感。

探病

**可附赠一些
对方喜欢的书或CD**

在法国南部，经常用香草花束搭配主题图书来赠花。如果所赠花束与书中内容有一定关联，则能让对方充分感知书中世界，以带来轻松愉悦的感受。探病时赠送半开花材能有效提升对方的情绪，比较忌讳浓香型、深色及血红色花材。另外，去医院探病时还可能遇到禁止携带花卉的情况，须提前确认相关事项。

晋升、调职、退休

用花束声援对方的新生活

考虑到对方会将花束带回家，所以小巧、精致的花束堪称首选。赠送上司时，应选择蔷薇、百合等阶层感较强的花材；赠送调职的同事时，应选择带有当地特色的花材。对于退休的父亲，应选择在退休后新一个月的第一天赠送花束。新的月份象征着父亲即将开始崭新的第二人生，用一束漂亮的鲜花声援最好不过。

家庭聚会

有趣又能调节气氛的花束伴手礼

聚会的主办者一定忙于准备菜肴、招待客人，如果你能带去一束有趣又能调节气氛的花束，实在是聪明的选择！比如，你可以选择某些珍稀品种、形似甜点的可爱花材或是花名有趣的花材。这些鲜花一定能让聚会气氛更加热烈。另外，你还可以根据参加人数制作相应数量的小花束，将其装入花篮带到聚会地点并装饰在餐桌上。待聚会结束之后，将这些小花束分发给众人。只要在制作时让花材充分吸水，就可以用包装纸等材料进行包装。

母亲节

礼物上的花束真可谓锦上添花

母亲是我们身边最重要的人，赠花时应充分考虑她的兴趣和品味。由于孩子与母亲的关系最为亲近，所以花束风格无须太过严肃，而应营造一种轻松、愉悦的氛围。如果你的母亲喜欢烹饪，在包花时不妨用围裙将花束与她喜欢的彩色厨具套装搭配在一起，相信她一定会备感惊喜。如果你的母亲喜欢园艺，不妨在她常用的工具旁悄悄摆上一束花，相信她看到之后一定会露出会心的笑容。

结婚纪念日

花朵数量最好与结婚年限一致

花朵可以帮助性格内向、羞于表达爱意的你传递爱的讯息。在结婚纪念日当天，你可以将所有想对爱人说的话都写在卡片上，然后请花店直接将花束和卡片送到你们就餐的餐厅。如同偶像剧一样的浪漫情节，一定会让对方备受感动。如果花束中的花朵数量与两人的结婚年限一致，会更显用心。花束中的每朵花都象征着两人携手共度的每一年，成为彼此爱的见证。

新居落成、开业庆典

寓意吉祥的果实花材实为首选

用于庆祝对方开业或新居落成时，选择寓意吉祥的花材最为合适。除了新年常用的果实型花材之外，还可选择象征着"成果""成功"的红色果实。就此类花材而言，兰花堪称首选。另外，在赠花之前应充分确认对方的内装修风格以及摆放花卉的场所，然后根据具体情况搭配花材。如果是开业庆典赠花，还应使花束与店铺商标及内装修色调保持协调。

吊唁、上供

柔和浅色系花束
利于缓解伤感情绪

虽然白色花材是此类赠花的首选，但如果对方与你的关系较为亲近也不必完全拘于常礼。如果能根据亡故者的喜好选择花材，反而会加深追思之情。而且，全白花束不免略显单调。此时，我们可以在忌日过后的几天去拜访对方，色调柔和的浅色系花束能更显体恤之情。

补充要点

一般性谢礼可选择"甜品加花束"的组合

如果对方是亲密好友，不妨尝试此种组合。例如，在甜甜圈的盒子里放入一个迷你花束，就做成一个让人惊喜不已的点心礼盒。制作时须用玻璃纸仔细包装花束，以免碰触食物。

如果对方很少摆放鲜花，可附赠一个提示卡

在赠送百合时，提示卡显得尤为重要。你应提示对方"开花时须用纸巾擦拭花粉，以免弄脏衣物。"对于很少摆放鲜花的人而言，赠花的同时告诉他们一些护花常识是很有必要的。

Memo

花名趣闻能让彼此的谈话更为有趣

赠花不仅给对方带来视觉上的享受，还能促进彼此的交流。除了花名由来及独特的花香之外，花名趣闻也能增加话题内容。

翠雀花

其花名在希腊语中是"海豚"之意。其日文名称为"飞燕草"，意指"燕子"。那么，它究竟是像海豚还是像燕子呢？

巧克力大波斯菊

无论花色还是花香都像极了巧克力。既有像草莓巧克力的红色品种，也有像苦巧克力的深色品种。

千日红

日文名汉字为"千日红"，主要源于其能长时间保持鲜艳。该花自江户时代起就常作为干花而用于冬季插花。

马蹄莲

规整的卷筒花瓣，其实是由叶变形而成的花苞。

百子莲

该花花形清爽，很难相信其花名在希腊语中是 Agape（爱）与 Anthos（花）之意，因此较适于用作表白用花。

White

白色

全白花束是否太过单调?

对于这一点,您大可放心。

由于白色总能让人联想到纯洁无瑕的婚纱,

因此它象征着满载祝福的全新未来。

如果想加强花束的存在感,

不妨选择有香气的白色花材。

另外,白色花束还可用于鼓励情绪低落的朋友。

没想到你这么快就要
结婚了，这束花就当
作给准新娘的贺礼吧！

祝贺好友结婚

例 No.104

Gift Bouquets

很多事情难尽如人意，
希望这束漂亮的鲜花能
让你忘记那些不快。

安慰情绪低落的朋友

例 No.114

兼具可爱花颜与华丽花形的白色花材

No.
101

满载祝福的烂漫蔷薇

谁说白色花材会很单调？新娘捧花最常用的就是白蔷薇。随风微颤的蔷薇花瓣极为华丽，由初开到满开的各种蔷薇组成的花束最适于赠送即将开启新生活的人。由于乳白色蔷薇会影响花束的纯净感，尽量不要使用。

花艺/落　摄影/栗林
主角花*蔷薇（Kelly）

使用华丽的褶瓣蔷薇

No.
102

红绳是白色花束的
点睛之笔

图中花束虽然只使用了一种花材，其外观却比多色花材更为生动。白星花象征着纯洁、温暖，是鼓励、安慰朋友的首选花材。最后，用纯白纸包装花束，再系上红绳以丰富色调。

花艺 /Manyu　摄影 / 山本
主角花 ※ 白星花

饱含着祝福的星形小花

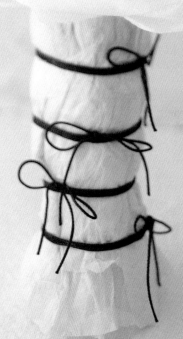

纯白大朵百合
既高雅又清新

No.
103

身披紫纱的端庄佳人

捆扎花束时应外露花冠并隐藏花茎与花叶，如此能让对方一眼就注意到花材特有的白瓷般的光亮花瓣与爽利花形。用紫色尼龙网包装花束能营造清爽之感，同时在花束后方保留较长尼龙网以充分突显出花瓣的挺实质感。

花艺／深野　摄影／山本
主角花＊麝香百合

No.
104

围绕花周的精美"项链"

优雅的纯白蔷薇 Burgundy，稍加
打理就能做成一束如此漂亮的花束。
用浅蓝色牛皮纸和绉纱饰带包装弧
形花束，然后用亮片胶带给花周的
包装纸镶上一圈边，如此能让整体
外观更显清爽。

花艺 / 山本　摄影 / 栗林
主角花＊蔷薇（Burgundy）
配角花＊松虫草

❋ 颜色知识 ❋

白色 ·············· *White*

○ ● ● ● ●

象征着纯洁的白色
能充分提升人们的感受力

当你看到雪景时，一定会被深深吸引；当你穿上熨烫平整
的白衬衫时，也一定会觉得神清气爽……这正是白色营造
出的洁净、清新的氛围。白色能充分激发出人们心底最为
纯洁而纯粹的情感，让我们的感受力变得更加敏锐。当你
需要用冷静的态度重新审视事物或是当你陷入两难境地之
时，不妨在身边摆上一些白色饰物。白色会像凉白开一样，
帮助我们重新冷静下来。此时，不要选择乳白色，因为越
是明亮的纯白色越能有效帮助我们重新找回自我。

[象征性·印象]

开始、清纯、高雅、婚纱、白无垢（日
本传统的新娘礼服）、雪、云、透明感、
牛奶、肥皂、清洁、白糖

[心理功效]

● 激发纯洁情感　● 回归真我、摆
脱迷茫　● 重整心绪

[主要花材]

全年：蔷薇、百合、兰、马蹄莲
春：丁香、铃兰、白花茼蒿
夏：芍药、栀子
秋：大波斯菊
冬：水仙、法兰绒花

Red

**浓艳色调提升了蔷薇的
存在感**

白蔷薇在红黑色包装纸的衬托下，
更显纯洁、高雅。虽然花色不及包
装颜色浓艳，但衬于纸内的白色羽
毛营造出高雅、可爱的氛围，从而
充分突显出蔷薇的甜美水嫩。

花艺／筒井　摄影／山本
主角花 ＊蔷薇（Carte Blanche）
配角花 ＊香豌豆、丁香

不同颜色的包装
让花色更加洗练

浅紫色包装让正统蔷薇更显柔美

花形较大且开花方式独特的蔷薇较适于柔美型包装。将浅紫色包装纸卷成锥筒，然后在纸边点缀一圈蝉翼纱饰带，如此会让花束更显华美。

花艺／长盐　摄影／青木
主角花＊蔷薇（Tineke）

Purple

No.
106

Gray

身着灰色套装的职场丽人

灰色不仅能巧妙弱化白色花材的亮度，还能充分衬托出马蹄莲的俏丽花容。使用质感较硬的大幅和纸包装花束，以使花材在和纸的支撑下展现出挺拔花姿。捆扎时，将纸边回折成 V 形，以使外观更像套装领口。

花艺／市村　摄影／中野
主角花＊马蹄莲
配角花＊鸢尾

No.
107

水仙

花与叶的组合
显得楚楚动人。

108

红白包装的花束
饱含初春祝福

图中花束非常适于用作新年贺
礼或是考试成功的贺礼。所用
花材为日本水仙，抗寒性较强，
常于早春开放，用红白和纸包
装更显喜庆、吉祥。包装时可
将红色和纸衬在里面，由此能
让白花更显雍容华贵。

花艺/田中（光）摄影/落合
主角花＊水仙

可大量使用芬芳
美丽的当季白花

铃兰

由于该花抗旱性较弱，
摆放时应避免日光直射。

NO.
109

仿佛来到初夏森林的
花丛中

铃兰特有的清爽香气酷似香皂，
因其花期较短，更让人备感珍
贵。用香草类叶材搭配铃兰能
充分还原花材的原生态气息，
两种香气不同的植物一定能让
对方在收到赠花时备感幸福。

花艺/青木　摄影/Chan
主角花＊铃兰
配角花＊马乔莲、胡椒薄荷天
竺葵

栀子

如果花朵出现萎蔫，可用火烧一下茎端，然后放入水中休养一段时间。

No.
110

包裹着彩绸的栀子荷包

栀子花常于梅雨时节开放，其花形华美、香气浓郁。用大量栀子花做成的花束呈现出雍容华美的气息。由于该花材质感厚实，配以丝绸包装能有效提升整体光泽度。制作时可将多种彩色布料缝成荷包形，此包装显得既可爱又古雅。

花艺/涩泽 摄影/山本
主角花＊栀子花

Column **10**

香气浓郁的白色花材最适于用作纪念日赠花

每当我们闻到一种熟悉的味道时，心中的相关记忆就会被唤醒，这是因为嗅觉是与记忆联系最为紧密的一种感觉。由此可知，一束香气独特的花束也会在对方心中留下深刻的记忆。不过，每个人对香气的喜好是不同的，有些人天生不喜欢浓郁香气。为了避免尴尬，一定要在送花前确认对方的喜好。

米白花材与纯白花材的绝妙组合

隐藏在白色花材中的米白色郁金香为花束平添一份柔美气息，而点缀在花间的纯白色水仙则将郁金香巧妙衔接起来。同时，清新的白色水仙也让整个花束呈现出一种宛如新娘捧花般的圣洁感。

花艺 / 森　摄影 / 中野
主角花 * 郁金香（White Pearl）
配角花 * 花毛茛、水仙（Paper White）、蔷薇（Kelly）、薜荔

白花在绿蕾的衬托下更显醒目

将花形完全不同的丁香与马蹄莲组合在一起，能营造出极为新颖的风格。该花束的制作秘诀是选用花蕾偏硬的丁香，所用花蕾越多，花束绿色调越浓，也与整洁的马蹄莲更为相称，同时还能让白色花材更为醒目。

花艺 / 并木　摄影 / 落合
主角花 * 丁香、马蹄莲
配角花 * 红掌花

No.
111

No.
112

不同色调的白色花材组成的丰饶花束

No.
113

厚实小花让白花更显纯净

图中花束所用的白色重瓣花材为白花茼蒿，搭配一些质感厚实的小花能让白花茼蒿的花色更为通透。捆扎花束时，应使白花茼蒿呈现出高低错落之感，以让外观更显轻盈。

花艺/筒井　摄影/中野
主角花＊白花茼蒿（Dream Tetra）
配角花＊白星花、吉莉草、米花

Column 11

选择白色花材为主角花时质感也是关键因素

搭配、组合白色花材时，花瓣质感会对花束起到决定性作用。如果所用花材的质感完全相同，不仅显得单调、乏味，还会丧失白色花材原有的高雅气息。如果想增加花束的层次感，不妨将不同花形及不同质感的白色花材组合在一起。掌握了这个法则，即便小花束也能呈现出生动表情。

可爱花材配以波点包装
实为日常谢礼花束的首选

No.
114

**身着橙色波点衫的
"可爱少女"**

橙色波点包装纸与海葵以及白
中带绿的花毛茛十分协调。选
择内衬为单色的包装纸,并在
包装时回折纸边,如此就做成
了一个色调柔美的维生素色系
花束。

花艺/高山　摄影/Chan
主角花＊海葵
配角花＊花毛茛、风信子、欧
洲葱花、金鱼草

No.
115

**红色波点让可爱小花熠
熠生辉**

不只是草莓花,当你想将自家
庭院内的花卉或香草赠予他人
时,其包装无须太过华丽。我
们可以选择如图中的薄纸袋,
仔细看去会发现纸袋上的红色
波点原来是草莓图案。由于薄
纸的质感较为挺实,使花束呈
现出伴手礼般的精致气息。

花艺/市村　摄影/落合
主角花＊草莓
配角花＊芳香天竺葵

利用白色波点强调花形

浑圆、可爱的千日红花束，配以蓝紫色带白色波点的手绢会更显雅致。同时，用金属线串联几朵千日红并将其系在花束手持处。最后，翻折手绢四角并做出层叠状以加强包装厚度，由此会让外观更显可爱。

花艺／相泽　摄影／中野
主角花＊千日红

彩色包装
与时尚饰带的组合

相信对方在梅雨季看到此花束，心情也会立刻明朗起来！白色绣球花配以彩色波点包装，再系上一根嫩绿色塑料绳，整个外观如同孩子的水彩画一样朝气蓬勃。如此可爱的花束，怎不让人情绪大好！

花艺／深野　摄影／山本
主角花＊绣球花

巧用圆点贴纸烘托
可爱氛围

图中包装纸上的黄色圆点其实是办公用圆形贴纸，将其贴在复写纸的正反面就能轻松做出图中效果。制作时，令松虫草呈现出不同高度，同时几枝芦荟营造出的不和谐感则让外观更具趣味性。

花艺／市村　摄影／落合
主角花＊松虫草
配角花＊芦荟叶

白色花材搭配
不同叶材做出
3种不同风格的花束

围绕在花周的生动而
有趣的红黑色叶片

No.
119

**白花与黑叶的组合
极具视觉冲击力**

图中的黑叶颜色其实是深酒红
色，其特有的皮革般质感不仅
不会暗化花色，还为其增添一
份柔美气息。同时，花束中的
各种生动花形丝毫不逊于叶材。
由于所用叶材较易开裂，弯卷
时需一气呵成。

花艺／齐藤　摄影／中野
主角花＊蔷薇（Burgundy）
配角花＊草兰、马蹄莲、黑叶

细叶编成的可爱"鸟笼"

最易于定型的叶材莫过于柔软的条纹型麦冬叶。在外观规整的花束上，随意插入几个麦冬叶环，如此一来白色郁金香就像藏在绿叶鸟笼中的鸟蛋一样可爱。

花艺／矶部　摄影／中野
主角花＊郁金香
配角花＊花毛莨、麦冬等

 **穿插在花间的
细长叶片**

No.
120

**用于包装花束的
大叶**

用波卷大叶包装浑圆
蓬松的蔷薇

图中所用叶片为白色条纹型的海芋叶，该叶片较薄、质感柔软、叶边呈波形。包装要点是将两片海芋叶重叠在一起包裹整个花茎，如此一来饱满的蔷薇周围都充盈着雅致的波卷叶片，让整个外观更显柔美。

花艺／井出（绫）摄影／坂齐
主角花＊蔷薇（Burgundy）
配角花＊绵毛荚蒾、圣星百合、海芋叶

No.
121

长花茎能营造出
清新、惬意的氛围

No.
122

随风轻摆的田野小花

图中花束所用花材为单层瓣蔷薇，其黄色雌蕊显得分外惹眼。制作时需保留较长花茎，同时配以野草型绿叶便能营造出野蔷薇般的自然风情。为了避免单层瓣小花的花色被绿叶晕染，捆扎时应将花与叶分成两个区域，最后用桌布包装花束。

花艺 /Miyoshi　摄影 / 中野
主角花＊蔷薇
配角花＊安娜贝尔、谷子、大凌风草

No.
123

低垂的可爱花枝带来
春季的清凉感

大株麻叶绣线菊的长枝上会生出多个纤细小花，由此能充分营造出轻盈感。制作时，将劈分后的麻叶绣线菊左右交叉，并在交叉处放上水仙百合，如此重复几次后捆扎好即可。

花艺 / 渡边　摄影 / 落合
主角花＊麻叶绣线菊
配角花＊水仙百合

No.
124

可爱的草穗花束带来
秋日暖意

白色大波斯菊的花茎自然而舒展，尤其在光照下，花朵更显透明、轻盈。如果配以外观轻盈、质感干爽的白色条形细叶，便能充分营造出初秋时节的田野风情。

花艺 / 泽田　摄影 / 山本
主角花＊大波斯菊两种
配角花＊新娘花、白花苞
（Silver Cat）、大凌风草等

No.
125

男性手持会让花束
更具原始气息

郁金香 Parrot 的花茎柔软、花形独特，制作时给花材营造出动感会使其侧面效果更具视觉冲击力。另外，搭配几枝鲜亮的利休草不仅能进一步加强花束动感，还能与花瓣上条纹形成联动效果。尤其是花枝随着人走动而摇曳生姿的情景，一定会让对方备感惊喜。

花艺 / 吉崎　摄影 / 山本
主角花＊郁金香（Super Parrot）
配角花＊多花桉、利休草

Green

绿色

当您不知该如何选择花材时，

不妨选择绿色花材与叶材的组合。

绿色花束就像水嫩的草木一样，

适于装点任何空间，

给您的视野注入充足的维生素能量。

绿色花束不仅有清凉的石灰绿色系，

还有各种鲜亮色系。

当您想帮助朋友重新振作起来时，

送他 / 她一束绿色花束最适合不过。

您不要总觉得自己上了
年纪，我的爸爸一直都
是最帅的！

父亲节礼物
例 No.128

Gift Bouquets

当你工作累了时
不妨抬眼看看桌旁的
可爱花束。

送给忙于工作的男朋友
例 No.129

清爽的石灰绿花材
会让对方备感清新

充盈着透明感的清爽花色

No.
126

若干大花组成的
优雅一束

点缀在石灰绿孤挺花周围的条
纹型龙血树叶能充分衬托出花
瓣的细腻与优雅。制作时，无
需将龙血树叶刻意修剪规整，
其自然形态会让外观更具动感。

花艺/筒井　摄影/山本
主角花＊孤挺花（初夏黄鸳）
配角花＊龙血树叶

柔和叶色为褶瓣花平添韵律之感

No.
127

**蔬菜绿能让花束
更有乐趣**

对于质感轻盈的康乃馨，如何
搭配能使其更有趣味性是很重
要的。我们可以将其与细叶及
其他花材一同装入纸袋中，制
作花束时需保持石灰绿花材的
纯净感，同时应当控制花束
尺寸。最后，用线绳捆扎纸袋，
并在绳端系上软木塞即可。

花艺/森　摄影/山本
主角花※康乃馨
配角花※松虫草、洋地黄、藿
香、须苞石竹

没想到吧！
绿色花材也可以如此多姿多彩

No.
128

由各种绿色圆形花组成的花束

花束中尽是可爱的圆形花，定会让对方备感幸福。在线球般可爱的荚蒾周围是质感轻盈的洋桔梗，宛如小气球的倒地铃轻轻拥抱着这些可爱花朵。

花艺/土田　摄影/栗林
主角花∗荚蒾、洋桔梗
配角花∗大丁草（Pocoloco）、
倒地铃等

No. 129

多种绿花描绘出的冷澈花色

形如球藻的荧光绿色须苞石竹"Green Truffe"在紫萼的衬托下更显明艳、水嫩。该花束所用花材均具有一定保水性，质地也较为结实。选用几片斑纹型紫萼会让花束外观更显轻盈。

花艺/矶部　摄影/山本
主角花＊洋桔梗、菊花（Gaul Russia Green）
配角花＊紫萼、须苞石竹（Green Truffe）

No. 130

深色包装让花色更显清凉

图中花束是由花芯呈浅石灰绿的蔷薇与菊花搭配而成。选用黑色牛皮纸能让每朵花都呈现出不同姿态。另外，用彩色包扣和流苏装饰花束能让冷色调花材更具童趣。

花艺/山本　摄影/栗林
主角花＊蔷薇（Lime）
配角花＊菊花、景天、芳香天竺葵

❀ 颜色知识 ❀

绿色……Green

犹如浓郁森林般的舒缓色调

绿色的主要作用就是治愈。当我们因日常琐事而备感疲惫时，遥望窗外的绿树就能使身心得到充分放松。这是因为绿色具有平复心绪、调节身心平衡的作用。所以当您感到不安时，不妨借助绿色让内心重获平静。无论是绿植还是房间内的绿色装潢，都具有平复身心的神奇效果。因此，印度人将绿色称为"万能药"。

[象征性·印象]

清爽、自然、天然、安适、重新振作、草原、森林、新绿、树木、永远、水嫩

- - - - - - - - - - - - - - - - -

[心理功效]

● 舒缓心情
● 平复、稳定心绪

- - - - - - - - - - - - - - - - -

[主要花材]

全年：	蔷薇、菊花、康乃馨、密花石斛
春：	郁金香、荚蒾
夏：	洋桔梗、红掌花
秋：	茵芋
冬：	蔓葵

用不同叶材为花束
演绎出丰富姿态

新颖花束适于赠送远游归来的朋友

当朋友从澳大利亚旅游回来时，看到这束颇具风情的花束，一定会和你兴奋地谈论起旅途中的种种见闻。点缀在浑圆花朵周围的齿形叶斑克木及其他花材均原产于澳大利亚。如此新颖而别具一格的花束定会让对方备感惊喜。

花艺／井出（绫）摄影／落合
主角花＊斑克木
配角花＊桉树、绒毛饰球花

No.
131

彩色枝叶营造的季节美感

该花束虽未使用任何花材，却依然如此漂亮。成熟前的土茯苓呈明亮的绿色，配以日本桤木的深绿色卵形果实显得颇为有趣。如此可爱的花束一定会让对方充分感受到那些错过的季节美景。

花艺／市村　摄影／山本
主角花＊土茯苓、日本桤木
配角花＊枇杷、雪叶莲等

No.
132

Column **12**

用不同叶材营造
自然风或现代风

不同叶材能让绿色花束更具趣味性，那些看上去毫不起眼的叶材经过巧妙搭配就会呈现出全新的面貌。雪叶莲等银色系叶材适于营造清冷氛围，香草及各种应季枝条适于营造自然气息。总之，绿色花束能应用于各种轻松系或治愈系赠花场合。

No. 133

来自菜园的季节性惠赠

整个花束外观酷似新鲜的香草沙拉。粗茎琉璃苣搭配芝麻菜，再点缀十多枝细叶芹。其中，芝麻菜的白色小花与琉璃苣的紫色调让外观备显清爽。

花艺/青木　摄影/Chan
主角花＊琉璃苣、芝麻菜
配角花＊细叶芹

No. 134

质感蓬松、色调柔和的绿色花束

生有绒毛的叶材能让雪叶莲和蜡菊的色调显得柔和而丰富。同时，用麦冬叶营造出动感，最后用生有可爱草穗的兔草固定花束即可。

花艺/岩桥　摄影/中野
主角花＊雪叶莲、绵毛水苏、兔草
配角花＊蜡菊、星花轮峰菊（Scabiosa stellata）等

No. 135

让人备感惊奇的蔬菜花束

它看起来既像月球表面又像大海中的珊瑚礁，这个让你产生诸多联想的植物竟然是花椰菜！点缀少许小花及褐色卷边羽衣甘蓝能让外观更为有趣，最后用黄色纸包装以增添可爱气息。

花艺/熊坂　摄影/山本
主角花＊罗马花椰菜
配角花＊垂筒花、羽衣甘蓝

包装花束时应充分保持花材美观

当你将自己精挑细选的花束赠予对方时，突然发现花朵外观有破损，这未免太让人沮丧了。究其原因，多是由于花束在包装袋里晃动。用纸箱运送花束时也是同样道理，必须保证花束被牢牢地固定住。当面赠送花束时，所用的纸袋内最好铺一层厚纸以增强花束的稳定性。除了可以用瓦楞纸箱运送花束外，还可以选择花束专用纸箱。在此，将以弧形花束和竖长形花束为例，分别介绍当面赠送用纸袋及运输用纸箱的包装方法。无论何种情况，包装花束时都切忌弄伤花材。

根据花束外形选择不同的包装方法

弧形花束

360°无死角的
美丽花束
最适于立式固定

用纸袋运输时

要点是
变换拎手的位置

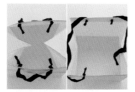

1 准备一个近似正方形的纸袋，将纸袋单侧的拎手绳调整至横跨纸袋两侧（上图右）。选用纸袋的体积应略大于花束体积。

2 在纸袋底部铺几层薄纸，并做成一定厚度的甜甜圈状。然后将花束放入纸垫中央的凹槽处，由此便能充分固定花束。

通过快递等方式邮寄时

为使花束保持直立状态需准备一个能
充分固定花束的基座

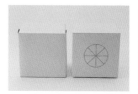

1 用小纸箱做基座。首先在箱盖上画一个圆形（上图右），并将其切成8等分。此时，应选择结实的厚纸箱，以便充分承受花束的重量。

2 比较一下花束手持处的直径与箱盖上圆口直径的大小。一定要保证二者直径基本相同，如此才能充分固定花束。

3 将步骤1中的小纸箱用胶带固定在瓦楞纸箱的底部。为防止小纸箱摇晃，可用薄纸包一些报纸填充在纸箱周围。

4 将花束插入固定好的小纸箱的圆口中，然后在花束和瓦楞纸箱之间的空隙处放入填充材料。最后，给纸箱打几个空气孔（参照下页Memo）。

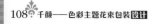

竖长形花束

使花束
正面朝上的
卧式固定

用纸袋运输时

卧式放置花束时应在其周围放入填充物

1 选一个长方形纸袋，并在纸袋内铺上薄纸，薄纸尺寸以能覆盖纸袋侧面和底部为宜。如果纸袋较大，可多铺几层薄纸。

2 包装时需保证纸袋底部的薄纸足够蓬松，如此一来即便摇晃纸袋，花束也不会晃动，因此能充分保证花材完好无损。最后，将花束横放于纸袋中即可。

通过快递等方式邮寄时

制作固定花束的纸板

1 将花束放于厚纸板上，以花茎交叉处为支点，并用打孔器在纸板上打2个孔。打孔时应注意，两孔之间的距离要略小于花束手持处的直径。

2 将花束放于厚纸板上，然后将金属线从花束手持处穿出，再穿过纸板上的孔洞固定在纸板背面。如果固定得过紧可能会伤损花茎，所以固定程度以花束不晃动为宜。

3 将步骤2中的花束放入瓦楞纸箱的底部。为了避免花束被压坏，应选择尺寸略大的瓦楞纸箱。不过，纸箱过大也会导致花束在运输途中发生晃动。

4 在花束和纸箱之间填充一些薄纸。在封箱之前轻微晃动几下纸箱，以确认花束的固定程度。最后，给纸箱打几个通气孔（参照Memo）。

Memo

确保邮寄花束的完美外观
必须严守2个原则

1 给纸箱打孔

加强空气流通，以防花材被闷坏

由于邮寄的是鲜花，其花瓣、叶片会蒸腾出水分，如果花束长时间处于密闭纸箱中就很容易被闷坏。因此，我们在邮寄花束时必须要在纸箱上留出两个以上的孔洞。这不仅能加强纸箱内的空气循环，还能确保花材保持水嫩。

2 做标记

在纸箱上做标记以随时提醒运输人员注意

我们邮寄鲜花时，有必要提醒相关的运输人员。除了在运输单上写清物品为"鲜花"之外，还应该在纸箱表面写一些"内有鲜花""请勿倒置""轻拿轻放"等字样以便随时提醒他人。另外，我们在邮寄之前还应确认花束的大致送达时间。

Blue

蓝色

蓝色花材具有一种不可思议的魔力。

即便是小巧的蓝星花，

也如闪耀的群星和宝石般让人爱不释手，

仿佛为我们描绘出夏日晴空碧海般的开阔景致。

无论对方是浪漫多情之人还是潇洒飒爽之人，

选择一束自然、生动的蓝色赠花最适合不过。

这里将介绍几种不同风格的蓝色花束的制作要点。

请恕我长期借用未还，
用小小花束表达我的歉意，
包花用的手帕也是我的
一点心意，敬请笑纳。

归还后辈的物品时

例 No.144

Gift Bouquets

就让蓝星花代替银河
中的点点繁星，
为你送去问候！

给分离的友人送去暑中问候

例 No.139

可单手手持的轻便
蓝色花束

用靛蓝色斜纹粗棉布包裹吉莉草和勿忘我，便做成了一束轻盈、可爱的小花束。被蓝色环绕的各种小花的色调显得格外精美，让人忍不住一看再看。所用斜纹粗棉布无须裁剪，以营造自然、随意的效果。

花艺 / 田中（佳）摄影 / 中野
主角花 * 勿忘我、吉莉草
（Tricolore）
配角花 * 房醋栗

斜纹粗棉布包装让花束外观更显轻便随意

多重蓝色调
仿佛让对方看到
冷澈夜空与深邃大海

颇具和风的蓝色包装让花束外观更显端庄

No.
137

银叶植物让田野花材
更显清爽

蓝色包装纸让形如宝石的矢车菊
更加艳丽夺目，尤其值得一提的
是搭配其间的兔尾草和银叶菊，
它们让矢车菊的凝重色调显得颇
为清爽，可谓是整个花束的"清
凉剂"。

花艺／内海　摄影／森
主角花＊矢车菊
配角花＊兔尾草、银叶菊、薄荷

浓淡相宜的各色蓝花
绘制出柔美色调花束

黑种草和绣球花的花形都十分蓬松，而且一朵花就能呈现不同的深浅色调。将这两种花材搭配在一起所形成的浅蓝色调让人一见就备感愉悦。同时，用常春藤给花束"镶边"，会让整体色调更加柔美。

花艺/内海　摄影/森
主角花＊绣球花2种、黑种草
配角花＊常春藤

清爽的浅蓝色
花束带来夏日
微风般的清凉

小巧可爱的花束
送去暑中问候

形如星星的蓝星花不仅外观可爱，花色也十分雅致，即便做成小花束也能让人过目不忘。图中花束的尺寸与手掌基本一致。最后，给花束插上黑种草作"帽子"，再系上装饰着亮片的饰带即可。

花艺/浦泽　摄影/中野
主角花＊蓝星花
配角花＊黑种草

No.
140

清凉美味的翠雀花"冰糕"

花束所用包装为复写纸做的纸袋。正因为翠雀花花茎较长且茎间开满花朵，才能营造出如此清新的效果。在纸袋小窗处另放入一个小花束，会让外观更富于情趣。

花艺/田中（佳）摄影/中野

主角花＊翠雀花
配角花＊琉璃苣

❋ 颜色知识 ❋

蓝色 ·············· *Blue*

平静心绪、提高创造力及注意力

蓝色兼具清爽感与知性美，因其色调如水，能有效舒缓高涨情绪，因此用其装饰卧室会起到极佳的安眠效果。由于蓝色具有调节身心平衡的作用，除了用于助眠之外，还具有多种功效。例如，在办公室桌旁或日常做家务的场所装饰一些蓝色，能有助于提高我们的创造力和注意力。即便一些重复性的工作，我们也能高效完成。当我们需要作出重大决定时，蓝色还能让我们保持冷静的判断力。不过，蓝色也具有减退食欲的作用，尽量不要将其装饰在餐桌附近。

[象征性·印象]

清爽、清洁、水、游泳池、天空、大海、夏季、宝石、幸运的青鸟、开放的、知性的、诚实、冷静、信赖、安适、安静

[心理功效]

● 消解压力　　● 放松身心
● 舒缓高涨情绪

[主要花材]

春：蓝星花、葡萄风信子、蓝饰带花
夏：绣球花、百子莲、翠雀花、矢车菊、黑种草
秋：绵毛荚蒾
冬：风信子

多重蓝色的完美共鸣
营造出自然、惬意的氛围

鲜亮而有层次感的
夏季花束

在浓淡相宜的翠雀花上方点缀几枝极具金属光泽的刺芹。由于刺芹属于非常用花材，能为花束增添几分新鲜感。制作花束时，可以选用盆栽的蕨叶薰衣草，以使其长久留香。

花艺 / 内海　摄影 / 森
主角花 * 蕨叶薰衣草、翠雀花
配角花 * 刺芹、兔尾草、福禄桐

浓郁香气与深沉花色的
绝妙组合

图中花束是由葡萄风信子与开花的迷迭香直接捆扎而成，其自然外观更具庭院花卉风情。包装用的白色饰带颇具高雅气息。迷迭香叶的香气与浓艳的蓝色花朵堪称绝配！

花艺 / 市村　摄影 / 中野
主角花 * 葡萄风信子
配角花 * 迷迭香

No.
143

绚烂如极光的神奇花束

由珍奇的蓝色花材做成的小花束，其中直立的高挑花枝为盆栽钓钟柳（也称吊钟柳），形如吊钟的小花蓝中透红，让人备感惊奇。最后，用手绢在花束后方做成小棉布包状会更显可爱。

花艺/内海　摄影/森
主角花＊鲁冰花、钓钟柳

兼具柔软质感与柔和
花色的治愈系花束

花色淡雅的蓬松型草花最适于营造柔和气息。用多种朴素花材做成花束，再点缀几枝野决明的深蓝色小花以提升整体层次感。最后，用宽幅大叶包裹花束使其更显柔美。

花艺/浦泽　摄影/坂元
主角花＊翠雀花、黑种草、蓝饰带花
配角花＊野决明、澳洲狐尾苋、虎皮兰

No.
144

波形花束更显动人

No. 145

包裹于波形叶中的动人花束

用鸟巢蕨包裹蓝星花做成的竖长形花束。制作时，需去除全部花叶并将花茎充分隐藏于鸟巢蕨中，由此能让蓝星花的花色更为鲜明。最后，在手持处缠上蜘蛛抱蛋，以便对方拆除叶片后可直接将花束插入花瓶中。

花艺/高桥 摄影/森
主角花 ＊ 蓝星花
配角花 ＊ 鸟巢蕨（Emerald Wave）、蜘蛛抱蛋

冷澈蓝色也能如此时尚！

Column 13

制作蓝色花束的原则

切勿让花色深浅不一，应使蓝色调更为凝练。这3个花束的共同点是不赋予花束动感，而使其色调更为凝练。同时，不要让花色呈现出深浅不一的效果。总之，削弱不同花材的花色与花形更利于制作时尚型蓝色花束。另外，最适于搭配此类花束的叶材为质地较硬、具皮革质感的绿叶或是能折成锐角的硬质条形叶。如此一来，即便柔美型花材也会极具视觉冲击力。

No.
146

蓝色线条更显庄重

由龙胆草直接捆扎而成的竖长
形花束，清爽的蓝色线条让外
观显得格外庄重。点缀几枝形
如芒草的虎尾草，会让花束更
具静雅美感。最后，在手持处
缠上白色和纸并系上细绳，能
进一步增强赠花的仪式感。

花艺／内海　摄影／森
主角花＊龙胆草
配角花＊虎尾草

直接捆扎而成的
竖长形花束

No.
147

几何形叶材让铁线莲
更显夺目

在浓艳的铁线莲上方穿插着若
干个灯心草折成的几何框，用
此花束赠送男性朋友最适合不
过。另外，给花束营造出阴影
效果的可爱小花为18世纪法
国巴黎贵妇们示爱时的专用花
卉——香水草。

花艺／高桥　摄影／森
主角花＊铁线莲2种
配角花＊香水草、灯心草

利用条形叶
做出造型感

Purple

紫色

❊

什么颜色的花束适于赠送上司呢?

当然要属华丽而不失尊敬且外观自然的紫色花束。

紫色能赋予任何花束以高雅气息。

如果对方喜欢蔷薇,

不妨选一种紫蔷薇制作花束。

由于紫蔷薇中有很多香气独特的品种,

其娇媚花形与馥郁花香定会让对方惊喜不已。

适于装点餐桌的
美丽花束

在姐姐家举办家庭聚会时
例 No.152

Gift Bouquets

前辈就是我的偶像！
祝您青春永驻、
永远光芒四射！

送给退休的女性前辈
例 No.165

柔媚、芬芳的紫玫瑰
更显高雅

突显柔美花形与馥郁花香

No.
148

只为让你欣赏紫玫瑰的
独特魅力

柔媚而雅致的紫色花中包含了粉色、蓝色等多种色调，选用纯蓝色包装正好能充分突显紫蔷薇的魅力。为使花材长久留香，制作时最好选用初绽的蔷薇。

花艺 / 浦泽　摄影 / 中野
主角花 ＊ 蔷薇（Blue Heaven）
配角花 ＊ 蓝饰带花

端庄而整肃的花容

No.
149

收纳于雅致包装盒中的
芬芳花朵

将成束的蔷薇放入包装盒中只露
出花冠，如此能让对方充分欣赏
到蔷薇的艳丽花色与独特花香。
可根据蔷薇长度用瓦楞纸做一个
纸盒，然后贴上同色包装纸，最
后再粘上蕾丝饰带即可。

花艺／小田切　摄影／山本
主角花＊蔷薇1种

浓郁酒红色与柔美浅紫色的完美组合

No.
150

缤纷闪耀的醇厚花色

图中是由海葵与丁香组成的长形花束。其中，质感较干燥的小花、色调暗沉的蔷薇以及光亮的黑色果实起到了衔接不同花材的作用，可谓是整个花束的关键因素。如纺织品般的精美外观，让主角花更显雅致。

花艺／浦泽　摄影／中野
主角花＊丁香、海葵
配角花＊大星芹、英伦玫瑰
（The Prince）、绵毛英蓬等

No.
151

细腻表情更添浪漫气息

花束中的浅紫色蔷薇极具梦幻感，在其周围点缀数枝花色浅于蔷薇且瓣色淡染的绣球花。如此一来，绣球花能充分衬托出蔷薇的柔美花色。制作时应充分固定蔷薇，以使其更具存在感。

花艺／熊田　摄影／中野
主角花＊蔷薇（Ondina）
配角花＊绣球花、藿香、洋牡丹

❋ **颜色知识** ❋

紫色 *Purple*

蓝紫色能放松身心、紫红色能增强自信

日本自万叶时代（公元629—759年），就将紫色作为一种高雅色调。由于紫色是由红色与蓝色这两种心理功效完全相反的颜色组成，其心理学作用也相对复杂。其中，蓝紫色中的蓝色具有镇静、维持身心平衡的作用，所以蓝紫色可作为治愈色。而且，越浅的蓝紫色，其治愈效果越明显。反之，由于紫红色并非来源于自然光发色，因此极具神秘感。不过，如此灵动的色调也暗含着几分"恐惧"气息，大量使用时易造成不安情绪，需注意用量。

［象征性·印象］

高贵、高雅、文雅、洗练、静雅、华美、芬芳、成熟女性、堇菜、雅致、神秘的

［心理功效］

● 舒缓心情（蓝紫色）
● 营造神秘感（紫红色）

［主要花材］

全年：蔷薇、万带兰、康乃馨
春：海葵、郁金香、阳光百合
夏：薰衣草、丁香、铁线莲
秋：桔梗
冬：风信子

No.
152

**由褶瓣花串联而成的
柔美花束**

图中花束囊括了从深紫色到类粉浅
紫色的多种花材，穿插其间的香豌
豆、三色紫罗兰等褶瓣花让花束外
观更显可爱。同时，再点缀几枝绿
叶及三色紫罗兰叶会给花束营造出
庭院植物般的自然风情。

花艺 / 佐藤　摄影 / 山本
主角花 ※ 康乃馨（Moon Dust
Lilac Blue、Moon Dust Deep
Blue）
配角花 ※ 屈曲花、香豌豆、三色紫
罗兰

各色深浅紫花
组成的完美花束

深紫与浅紫的组合
既醒目又时尚

图中的深紫花材与浅紫花材形成了鲜明色差，由此也让花束更具视觉冲击力。选用褶瓣花会让外观更显优雅，最后在花间随意点缀几个叶环即可。

花艺／高桥　摄影／森
主角花＊洋桔梗2种
配角花＊新西兰麻

用春季球根花营造
优雅自然之感

我们可尝试用浅紫色的球根花搭配深紫色郁金香，仅需少量球根花即可赋予花束以自然美感。花束中的白色根状物为葡萄风信子的球根，将其放入花束中定会引起对方的好奇心。

花艺／冈本　摄影／落合
主角花＊郁金香（Negrita、Blue Diamond）
配角花＊风信子、伽蓝菜、葡萄风信子的球根等

仿似晕染般自然的
渐变色调

浅紫色丁香的泡状花苞开花时，每根花枝上会出现不同色调的紫色花。将丁香点缀在蔷薇周围，丁香的花影会让蔷薇更显华美。

花艺／渡边　摄影／山本
主角花＊蔷薇（Forme）、丁香
配角花＊绣球花等

自然风的紫色花束
更显高雅

深灰色香草营造的
静谧感

图中花束的主角花为一朵浅紫色
黑种草，另外在叶间点缀数朵水
果兰，尤其是花束中的叶材显得
格外惹眼。无论是薰衣草叶还是
橄榄叶都是银色叶材，非常适于
搭配该花束的细腻花色。

花艺/青木　摄影/Chan
主角花＊黑种草
配角花＊橄榄、薰衣草、银香菊、
水果兰

No.
156

No.
157

多种花形演绎的丰富表情

用柔美的铁线莲搭配细长茎的野决
明，后方的绣球花则让外观更显饱
满。将不同花形的紫色花扎成一束
会更显生动。制作时应充分考虑不
同花朵的朝向，然后逐枝捆扎成束。

花艺/田中（佳）摄影/中野
主角花＊铁线莲、野决明、绣球花
配角花＊薰衣草、蓝八角鼠尾草

No. **158**

银色叶材让优雅紫花
更具成熟美感

用香草搭配珍贵的紫色康乃馨
做成花束。尤其是银色的迷迭
香叶让优雅的紫花更显艳丽。
捆扎时需使花材呈现不同高度，
以与香草的自然动感相和谐。

花艺/齐藤 摄影/森
主角花＊康乃馨（Moon Dust
Lilac Blue、Moon Dust Deep
Blue）
配角花＊迷迭香、凤梨薄荷

No. **159**

巧用香草的花与叶
做成的芬芳一束

当香草类植物迎来花期时，其
叶片也异常鲜亮。此时，我们
可像制作精油一样选用多种香
草做花束。制作时，可将天竺
葵叶规整成弧形以便露出花颜，
最后用红白蓝三色布料包装花
束会更具趣味性。

花艺/青木 摄影/Chan
主角花＊玫瑰天竺葵、克劳福
德天竺葵
配角花＊薰衣草

No. **160**

可爱野花
带来草原的问候

在高低错落的姬龙胆周围点缀
着可爱的阳光百合，颇具和风
的蓝紫色花朵与清新的甜紫色
小花相得益彰。由于两种花材
颇具田园风情，用麦冬捆扎会
使外观更具自然美感。

花艺/佐藤 摄影/中野
主角花＊姬龙胆
配角花＊阳光百合、利休草、
麦冬

蔷薇+宽叶

No.
161

围绕紫蔷薇的多重叶环

围绕在深紫色及浅紫色蔷薇周围的蜘蛛抱蛋叶环，使花色呈现出油画般的精美质感。由于该花束用叶片包装，可直接装饰于各种场所。除了用蜘蛛抱蛋叶做成叶环之外，还可将其缠卷在花束手持处，令外观风格更统一。

花艺／相泽　摄影／栗林
主角花＊蔷薇（Mme. Violet、Forme、Into League、Mysterious、Little Silver 及另外 2 种）
配角花＊蜘蛛抱蛋、麦冬

绿叶包裹的淡雅花色及馥郁花香更具时尚感

Column 14

绿叶能让紫色花材更加艳丽夺目

用绿叶包花时应注意以下几点：首先，应考虑叶材的柔软性。有些叶片质地厚实、不易折断，这样的叶材便可用于包花。其次，应充分考虑叶色与花色的协调性。如果想加强花束的视觉冲击力，应选择条纹型新西兰麻或红纹龙血树叶。另外，叶色鲜亮的红掌花叶最适于搭配深紫色花材。

身着皮衣的俏丽佳人

图中花束所用叶片为裂叶喜林芋 Red Dutchess。该叶片叶表成橄榄色，叶背呈光亮的可可色，其独特的皮革质感让紫色花材更显高雅。如果花材为三枝风信子，则一片裂叶喜林芋就完全够用。

花艺／深野　摄影／山本
主角花＊风信子
配角花＊裂叶喜林芋（Red Dutchess）

风信子＋厚叶

No.
162

香豌豆＋大幅叶

包裹芬芳紫蝶的柔软大叶

用海芋叶片纵向包裹花材以做成可爱的婴儿包风格的花束。由于海芋叶片较大且质地柔软，能为多枝香豌豆营造蓬松、轻盈之感。另外，在叶片内部点缀一些麦叶，会让外观显得生机勃勃。

花艺／田中（光）　摄影／山本
主角花＊香豌豆（Pimelea）
配角花＊麦、海芋

No.
163

花色浓艳、吸人眼球的 深紫色花材

No.
164

深紫色褶瓣花更显华美

图中花束由3种康乃馨组成。宛如天鹅绒般的深紫色花材错落有致，使褶瓣花更显优雅。由于紫色花材颇具东方美，选用和纸与绉绸饰带包装最为合适。

花艺／并木　摄影／山本
主角花＊康乃馨（Moon Dust Velvet Blue、Moon Dust Princess Blue、Moon Dust Lilac Blue）

No.
165

盛开于长茎上的 柔美万带兰

制作时无须劈分万带兰的长茎而直接将其扎成花束。由于万带兰的花色非常艳丽，寥寥数枝就极具视觉冲击力。点缀于花间的紫红色葱花为花束增添些许暖意，而垫于花下的红掌花叶则起到了很好的衬托作用。

花艺／高桥　摄影／森
主角花＊万带兰
配角花＊紫花细茎葱、红掌花叶

于寒冬时节上演的
紫色盛宴

每到冬季，深紫色花材的花色会随着温度降低而越发浓艳，正如图中的海葵和香豌豆，两者交相辉映、争奇斗艳。最后，在花周点缀一些白色枝条，以充分营造出冬季夜空般的梦幻感。

花艺 / 筒井　摄影 / 栗林
主角花＊海葵、香豌豆
配角花＊吉莉草、飞燕草

No.
166

装饰于桌旁的深蓝色
弧形花束

图中花束即使近观也如此美丽。主角花是具有天鹅绒质感的非洲紫罗兰，将不同深浅的紫色花搭配在一起能充分突显出主角花的艳丽多姿。由于非洲紫罗兰株高较矮，制作时需将其他花材捆扎好之后再将其加入其中。

花艺 / 高桥　摄影 / 森
主角花＊非洲紫罗兰
配角花＊花葱、卜若地、洋牡丹、掌叶铁线蕨

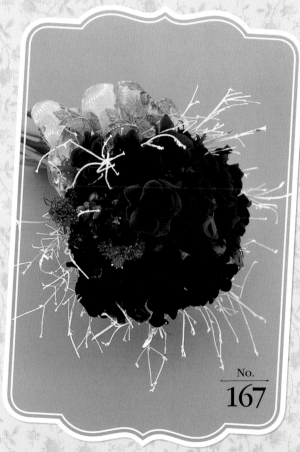

No.
167

133

包装花束的
基本操作

适于任何形状
花束的包装方法

🦋 包装方法 A

具有护花作用的后三角形包装

用包装纸在花束后方做出三角形是最常见的包装方法。该方法的优点是适于各种形状的花束，而且手捧时也不会伤及花材。如果包装对象为弧形花束，在包装时需充分考虑花束的位置，以便让外观更加漂亮。

No.
168

图中的弧形花束由略显黯淡的浅紫色花材搭配小叶植物而成。花周的绿叶为慵懒色调的花束注入一丝自然气息。

花艺 / 山本　摄影 / 栗林
主角花 ❀ 蔷薇
配角花 ❀ 康乃馨、松虫草、秋
色绣球花等

掌握3种不同形状花束的包装方法，
让包装既美观又能充分护花。

≡≡≡ **如何包装**

包装时将花束斜放于纸上

1 将花束放于包装纸的对角线上以确认纸的大小。同时，还需确认纸张是否能充分包裹鲜花，以及下部回折部分是否能充分覆盖花茎部。

2 直接拿起左右纸角包裹花束，保证两边纸的重叠宽度为5~7cm左右。如果重叠宽度过窄，包装会很容易散开，不利于护花。

3 开始正式包装，仿照步骤2的操作，拿起两边纸角包裹花束，同时用手指捏住上方包装纸的重叠部分，再用另一只手紧紧攥住花束下部以做出蓬松状。

4 用透明胶带充分固定手持处，此时切勿松手以确保充分定型。一旦不小心松手，包装外观就会出现歪斜。

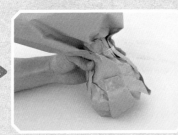

5 回折花束下方的纸边并用透明胶带固定。一般而言，包装斜放的花束时应最后回折纸边，这样不仅更有利于定型，还能让包装纸充分覆盖花束底部。

6 给花束系上饰带以遮盖步骤4中的透明胶带。此种包装不仅让花束从正面看上去很漂亮，其后方的三角形也能起到很好的护花作用。

Memo

此种包装也适于伸展的扇形花束

由于房状花序的翠雀花与大朵百合的花枝都较长，为避免花材之间相互碰触，通常会做成扇形花束。这种后三角式包装方法不仅能充分支撑花材的长茎，还能避免花茎之间互相挤压。

No. 169

深褐色修长叶片充分提升了花束的时尚感，而横于花间的浅粉色马蹄莲则平添了几分甜美气息。

花艺/山本　摄影/栗林
主角花＊翠雀花
配角花＊马蹄莲、新西兰麻等

No.
170

外观可爱的杯形包装

这也是弧形花束常用的包装方法。具体操作是将花束头部置于包装纸上边，然后将其卷成杯形。此种包装让花束外观更加饱满，从而营造可爱氛围。如果想让包装充分起到护花作用或是想制造惊喜时，不妨将花束藏于包装之中。

橙色与紫色花材组成的弧形花束显得格外华美。由于花色十分艳丽，在花束手持处系一条轻盈的白色绉纱饰带能给花束平添几分甜美气息。

花艺/山本　摄影/栗林
主角花＊蔷薇（Auckland）
配角花＊康乃馨、洋桔梗、千叶兰

弧形花束

≡≡ 如何包装

包装时使花束与纸上边保持垂直

1 将花束置于长方形包装纸上，使其与纸上边保持垂直，同时使花束头部与纸上边位置基本一致。另外，花束下方的纸要能在回折时覆盖整个花茎。

2 拿起纸上部两端以包裹花束，同时使重叠部分的宽度在 5 ~ 7cm。如果重叠部分过宽则会使外观显得过于臃肿，过窄则纸容易翻卷。

3 回折花束下方的纸以覆盖花束手持处，然后再将左右两侧的纸包在花束上。此时，应保证纸上边与花束头部位置基本平行。

4 包好花束后，用手攥紧花束手持处。此时最好一边抓住纸上部重叠处，一边攥紧手持处。如此不仅能使上边重叠部分紧密贴合，还易于充分定型。

5 将透明胶带缠在手持处以充分定型。此时也可用橡皮筋固定，不过透明胶带的固定效果更胜一筹。

6 在固定透明胶带的位置系上饰带。此时，应用手压紧固定处以免纸上部偏移，然后扎紧饰带。做到这两点，就能防止包装散开。

微露花颜的可爱包装

如大丁草、向日葵、马蹄莲等花朵位于花枝顶端且花茎较长的花材最适于做成竖长形花束。包装此种花时应选择能包裹整个花束的竖长形包装，而从包装纸缝隙处微露花颜的设计能让花束外观更显雅致。

竖长形花束

图中花束所用大丁草的花瓣柔软且呈波卷状。微露花颜的包装显得俏皮而富于情趣，手持处的深褐色饰带则又平添了几分成熟气息。

花艺／山本 摄影／栗林
主角花＊大丁草

No.
171

≡≡≡ **如何包装**

包装时使纸长略大于花束长度

1 将纸平摊开，须使纸的竖边略长于花束长度，使纸的横边在包装时留有几厘米的重叠部分即可。然后，将花束置于纸上，使其与纸上边保持垂直，花束头部位置与纸上边基本一致。

2 决定好手持位置后，拢紧花束左右两侧的纸并在手持处攥紧。此时不是用纸包裹花束，而更像是用纸围拢花束。

3 将纸重叠在步骤2中确定好的手持处，然后在花束正面留出缝隙并规整外形。此时，须充分检查包装是否完全覆盖整个花束。

4 在手持处缠上透明胶带以充分定型。为防止包装出现歪斜，应单手握紧花束的同时缠卷胶带。

5 在缠上透明胶带的位置系上饰带。系饰带时应充分确认包装的宽度、长度及饱满度等，以使饰带尺寸与整体外观更加协调。

另类新颖包装

营造个性化风格

用纸包花时，先将纸揉皱会更显特别。此时，选用质地结实的纸不仅不用担心纸张破损，还十分易于操作。上图花束所用纸张及包装方法均与包装方法C相同，却呈现出完全不同的效果。因此，无论什么方法，实用最重要。

Mix

混合色

❀

接下来，难度会升级，

我们将走进由多种花色组成的彩色花束的世界。

无论是甜美型、活泼型还是清爽型，

你可以照自己的想法制作各色花束。

也许你担心不知如何挑选花材，

请看右侧图中的花束，

即使绿色花材也能通过搭配其他不同花色的花材，

营造出甜美、华丽的氛围。

初次尝试者可先从两色花材的组合入手。

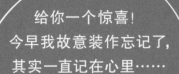
给你一个惊喜！
今早我故意装作忘记了，
其实一直记在心里……

结婚纪念日时送给妻子
例 No.174

Gift Bouquets

祝贺你实现了梦想！
把这束花装饰在店里，
会让店面更加漂亮。

祝贺朋友新店开张时
例 No.186

粉色与桃色的绝妙组合
令人备感温润、甜美

映满眼帘的圆形蔷薇

No.
172

**鲜亮叶色让盛放的花颜
更显甜美**

盛放的圆形蔷薇极具甜美气息，
而花束中的花色搭配则让人耳
目一新。加入几枝珊瑚粉蔷薇
更添华丽之感。将光叶仙茅的
叶环围绕在花周会让外观更显
奢华。

花艺 / 田岛　摄影 / 落合
主角花 * 蔷薇（Fancy Dress、
Park Avenue Princess、La
Chance）
配角花 * 光叶仙茅等

用粉色大波斯菊
营造的醇美气息

图中花束的主角花为大朵杏色
英伦玫瑰，将其与红叶及大波
斯菊捆扎成束以营造初秋的浪
漫气息。花束中火红的叶色让
花朵更显娇艳欲滴。

花艺/涩泽　摄影/落合
主角花＊蔷薇（Charles
Darwin 等）
配角花＊大波斯菊等

囊括各色时令花材的完美花束

No.
173

Mix
——混合色

在充分考虑对方气质的前提下，
在粉色蔷薇的基础上再增添一种颜色

加入
青草色

No.
174

加入
巧克力色

No.
175

不同花色营造的
充盈水润感

图中花束所用蔷薇为浅莲红色，搭配鲜亮的绿色花材能使花色更加娇艳。于初夏盛开的英莲最适于搭配饱满的圆形蔷薇，草绿色的可爱小花让外观更显清爽。

花艺/胜田　摄影/中野
主角花＊蔷薇（M-Marie Antoinette）
配角花＊英莲、松虫草、软羽衣草等

醇厚花色更显雅致

没想到还有此种组合！浑圆、娇嫩的蔷薇在巧克力大波斯菊的衬托下极具成熟美感。为避免巧克力大波斯菊抢去粉蔷薇的风头，仅需点缀几枝即可。另外，围绕在花束外侧的藤蔓也为巧克力色。

花艺/相泽　摄影/落合
主角花＊蔷薇（Yves Miora）
配角花＊新娘花、巧克力大波斯菊、匙叶草、爱之蔓

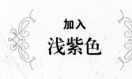

加入
浅紫色

No.
176

摇曳于热烈粉花中的
清爽小花

浓艳、醇厚的粉色花材最适于
搭配浅紫色花材。由于二者均
含有蓝色调,此种组合堪称绝
配!萦绕花间的阳光百合为热
情的大朵蔷薇平添了几分清新
之感。

花艺/大槻 摄影/落合
主角花＊蔷薇(Yves Passion)
配角花＊耧斗菜、阳光百合、
松虫草等

满溢幸福感的
甜美中间色调

No.
177

让各色主角花
为你送去真挚祝福

马蹄莲、蔷薇、草兰……各色
主角花显得华丽而极具柔美气
息，其秘诀就在于它们特有的
中间色调。花束中，每种花材
都占据一部分空间，由此能充
分衬托出不同花材的开花方式，
从而让外观更为洗练。

花艺 / 相泽　摄影 / 山本
主角花 ＊ 马蹄莲（Wedding
March）、蔷薇（Arianna 等）、
郁金香、草兰
配角花 ＊ 菊花（Sei Opera）

Column 15

色调柔和的
混合色弧形花束

厚实质感、紧凑外观更
显甜美可爱。婴儿粉、黄
色、浅绿色等各种柔美
的中间色调花材组成的
花束，其厚实质感让外观
呈现出朦胧、缥缈的气息，
让人备感治愈。紧实的
捆扎方式让各色花材自
然融为一体，相比于竖长
形花束，这种紧凑的弧
形花束更为妥当。

让蓬松轻盈的花朵
为新生儿送去祝福

中间色花材最适于作为庆贺新生儿诞生的赠花。将生有绒毛的小花及绿叶围绕在圆形蔷薇周围，宛如婴儿的可爱脸颊。最后，用色调柔和的纱布和毛巾包裹花束能充分营造幸福感。

花艺/井出（恭）摄影/山本
主角花＊蔷薇 Ambrige Rose、
Yves Miora 等
配角花＊法兰绒花、花毛茛等

No.
178

生动花颜与格子布的
可爱组合

图中花束最适于用作春季赠花。裸粉色大丁草搭配红白格子布的包装充分营造出少女般的可爱气息。同时，点缀几枝浅紫色风信子会给花束外观平添几分优雅之感。

花艺/落合 摄影/山本
主角花＊郁金香（Pink Diamond
等）、大丁草、风信子

No.
179

145

如此浓艳而热烈的颜色
定会让你大吃一惊！

由红色、黄色大丁草组成的缤纷花塔

红色加黄色的组合的确让人意想不到！通过巧妙搭配就能做出图中的漂亮花束。将两色花材交错纵向重叠在一起，其重叠的花瓣显得如此优雅。制作时，可将不同大小的花朵交错排列以营造韵律美感。

花艺/Manyu　摄影/山本
主角花＊大丁草2种

No.
180

娇艳动人的各色大朵花

如果想营造极具冲击力的华美氛围，选用超大型天竺牡丹和艳粉色蔷薇作为主角花最为适合。同时，再点缀几枝浑圆的杏色蔷薇会让外观更加熠熠生辉。

花艺/市村　摄影/中野
主角花＊蔷薇（Yves Piaget、Baby Romantica）、天竺牡丹

No.
181

高挑的孤挺花
让你备感喜悦

风趣、活泼的孤挺花，其开花方式既像百合又像郁金香，显得如此可爱而挺拔。围绕在花茎下方的各色花朵非常醒目，整个外观极具时尚感。

花艺 / 细沼　摄影 / 山本
主角花 * 孤挺花
配角花 * 郁金香（Dancing Show、Spring Green、Eye Catcher）、羽衣甘蓝

No. 182

No. 183

No. 184

热情火焰与华美
褶瓣花的精彩演绎

尽显花颜的华美花束！嘉兰与香豌豆交织，两者特有的褶瓣花显得异常华丽！另外，嘉兰的黄色瓣边也十分惹眼，整个花束在纯白包装纸的衬托下更加艳丽夺目。

花艺 / 市村　摄影 / 落合
主角花 * 嘉兰、香豌豆

齿瓣花与浑圆花朵的
个性化组合

流苏瓣郁金香搭配鹦鹉喙形郁金香，如此多的个性化花朵不觉让人眼前一亮！为充分展现出每种花材的风格，捆扎时切勿将其混杂在一起，而应使其保有各自独立的区域。

花艺 / 林　摄影 / 栗林
主角花 * 郁金香（Barbados、Exotic Bird、Orange Princess、Rococo）

由相反色系花材
描绘的洗练图画
绝对是最吸睛的礼物！

No.
185

各色紫色花材组成的
醇美花束

图中的黄色小花为棣棠，在众
多紫花的衬托下显得更加鲜亮、
可爱。制作时还加入了卷叶羽
衣甘蓝，如此丰富的紫色调让
相反色系花束更显缤纷。

花艺／深野　摄影／栗林
*主角花＊风信子、琉璃苣、绵
枣儿、羽衣甘蓝等*

Purple×Yellow

成为花束达人！

色盘能让花色搭配更加新颖

对于花形、质感不同的各类花材而言，以花色作为组合基准能让制作过程更高效。因此，我们在搭配各色花材时可以参照右下方的色盘。其中，红、黄、蓝为3原色，将它们两两混合产生中间色（橙、绿、紫），由此就构成了6种色相。将1种色相包含的色块称为"同系色"，其相邻色块称为"近似色"。另外，将间隔的色块称为"准相反色"，将相对的色块称为"相反色"。下面，我们以粉色花为参照来具体比较一下不同色系的区别。

花材搭配论 1
同系色

利用深浅色调营造柔美氛围

相同色相内的不同色调为同系色，因其色调深浅不同，最适于初学者进行组合。不过，同系色花束虽然易于制作，外观却略显单调，我们可通过调节花材尺寸来营造韵律感（如图中花束 No. 007，P11）。

花材搭配论 2
近似色

外观自然而华美

近似色指的是色盘中的相邻色相。由于它们含有相同色调，极易融合在一起，同时能营造自然、华美的氛围。图中花束（No. 172，P140）就是粉色与橙色的组合，两种花材能自然融为一体，显得格外绚丽夺目。

花材搭配论 3
准相反色·相反色

强烈对比极具视觉冲击力

图中花束（No. 174，P142）所用花材为粉色与绿色的相反色调。由于这两种颜色不含相同色调，其组合显得既具张力，因此让人印象深刻。准相反色指的是间隔一个色相的色调，它们虽然不具有相反色的强烈对比，却比近似色更富于变化，给人以洗练之感。

花材色盘

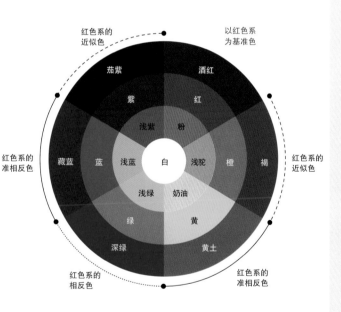

红色系的近似色

以红色系为基准色

茄紫　　酒红

紫　　红

浅紫　粉

藏蓝　蓝　浅蓝　白　浅驼　橙　褐

红色系的准相反色

红色系的近似色

浅绿　奶油

绿　黄

深绿　黄土

红色系的相反色

红色系的准相反色

红色系的渐变色调

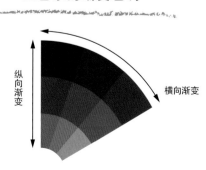

纵向渐变

横向渐变

由各色花材
扎成的外观华美、
花色醇厚的花束

No.
186

复色天竺牡丹织就的明艳花色

单色花材绝对营造不出如此华美的效果。
正因为图中天竺牡丹的花瓣呈现出不同颜
色，才显得如此与众不同。亮丽的荧光绿
菊花搭配线球形天竺牡丹让外观显得明艳
动人，而球形花材则更添几分可爱气息。

花艺 / 土田　摄影 / 栗林
主角花＊天竺牡丹（Peach Inn Season 及
另外 2 种）
配角花＊菊花、蔷薇（Baby Romantica）、
蔷薇果实等

明艳的混合色

柔美的混合色

新颖花色营造的柔美氛围

图中花束极具田园风情，其中的紫色、褐色花朵颇为华丽，而隐于花间的蔷薇更显优雅迷人。制作时可让草花充分外露，而将蔷薇藏于低处，由此能让这束混合色花束更显轻盈、柔美。

花艺／土田　摄影／栗林
主角花＊蔷薇（J-Healing、Giulia 等）
配角花＊洋桔梗、松虫草、蓝饰带花、大星芹等

Column 16

丰富花色构成的美丽图画让人过目不忘

由于混合色花束的花色较为丰富，其风格也应鲜明统一。我们不能像排列色卡那样将不同质感及透明感的花材简单组合在一起，而应通过巧妙搭配使其呈现出自然美感。不同大小的花材会呈现出完全不同的风格。例如左页 No. 186 的花束，如果改用小型花材就会做成一束小巧、可爱的维生素色系花束。

No.
188

洋桔梗营造的柔和清爽感

这是一束让人不忍放手的可爱花束。重瓣洋桔梗显得蓬松而柔美，其花茎颇为柔韧。所用浅石灰绿色花材能充分融入白花之中。最后，用质地较硬的片状叶包裹花束还能起到一定的护花作用。

花艺 / 高山　摄影 / 中野
主角花 * 洋桔梗 2 种
配角花 * 红掌花叶

洋风
白 × 绿

No.
189

芬芳而水嫩的香草花束

白中带绿的复色郁金香在绿色香草的衬托下更显水嫩。同时，将多层天竺葵叶置于花材下方，并在手持处缠上迷迭香。花束的醉人香气更添几分清新之感。

花艺 / 下野　摄影 / 有光
主角花 * 郁金香（Verona）
配角花 * 花毛茛、迷迭香、芳香天竺葵等

用白绿相间的
清新花束
来祝福新的旅程

和风
白 × 绿

No.
190

尽皆收录初春的
美丽瞬间

如白雪般纯洁的白色山茶盛放于枝头，为对方送去季节的问候。将形似绣球花的绿色荚蒾点缀其间，其轻盈花姿与山茶的婉约气质十分相称。

花艺 / 大久保　摄影 / 中野
主角花 * 山茶 2 种
配角花 * 麦子、荚蒾、丁香、绒毛饰球花

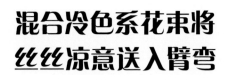

混合冷色系花束将
丝丝凉意送入臂弯

No.
192

包于格子布中的清冷花束

芬芳的白水仙和紫色鼠尾草显得
如此水嫩而清爽。二者的花形也
十分相似。将其做成小花束，再
用紫色格子布包装会更显可爱。

花艺 / 三代川　摄影 / 落合
主角花＊鼠尾草、水仙（Paper
White）
配角花＊鲁冰花

No.
191

简约、时尚的流线型花束

图中所用浅紫色翠雀花的花冠中
心略呈黄色，搭配柠檬黄色的花
材能充分营造出清爽之感。其实，
图中后方的柠檬黄色花材也为翠
雀花，最后配以马蹄莲能让小花
花束的风格更趋于统一。

花艺 / 细沼　摄影 / 山本
主角花＊翠雀花 2 种
配角花＊马蹄莲、海芋

纯净花色宛如水畔睡莲

作为主角花的重瓣孤挺花极易让人
联想到水边的睡莲，点缀其间的紫
色花材让纯白色花材更具立体感。
由于孤挺花极具透明感，搭配时也
应选用花色纯净的紫色花材。

花艺／筒井　摄影／山本
主角花＊孤挺花（Co-Nin White）
配角花＊吉莉草、翠雀花、唐菖蒲

紫红相间的洗练
花色更显时尚

No.
194

光华绚烂的花束为新人
送去祝福

紫色花材与红色花材组成的鲜艳花束。在火红的蔷薇周围簇拥着褶瓣香豌豆,该花束不仅外观漂亮,其中的紫色与红色还会赋予人们勇气与力量。

花艺 / 市村　摄影 / 中野
主角花 * 蔷薇 (Red Intuition)、
香豌豆
配角花 * 花毛茛、三色紫罗兰

Column 17

紫色动感花瓣
更显优雅

紫色褶瓣花可同时搭配多种颜色的花材。由于紫色的视觉效果较强,全紫色花束很容易带给人压迫感。不过,波卷形紫色花材则会赋予花束柔美气息,当然紫色褶瓣花也具有这种效果。制作花束时搭配此种花材,会让其他花色更显雅致。

No. 195

粉色郁金香是金牌主角

可单手手持的小型花束中尽含春意，其主角花是浅桃红色郁金香。由于该花色中含有蓝色，与蓝紫色花材极为相称。另外搭配的紫色花材有芬芳的风信子、生动的海葵以及小巧可爱的丁香。

花艺 / 光村　摄影 / 坂上
主角花＊郁金香（Hermione）
配角花＊风信子、海葵、丁香、薄荷等

No. 197

No. 196

浅紫色蔷薇更显新颖别致

茶色系中也有近紫色的色调，如图中的浅紫色蔷薇，将其与浅红褐色蔷薇搭配在一起能充分烘托出优雅、迷人的气息。最后，用黑色蜡纸包装并配以光亮的绿紫色饰带能让外观更有巴黎味儿。

花艺 / 田岛　摄影 / 落合
主角花＊蔷薇 3 种
配角花＊洋桔梗（贵妇）等

紫色让乳白色花材显得楚楚动人

图中郁金香为日本自有品种，其乳白中透粉的花瓣尤显别致。搭配紫色铁线莲能营造出草花般的柔嫩气息。由于郁金香花茎较长，制作时切勿将铁线莲隐于花中，而应将其点缀在郁金香外围。

花艺 / 涩泽　摄影 / 中野
主角花＊郁金香（Clusiana Cynthia）
配角花＊铁线莲

粉色喇叭形花材营造的甜美氛围

生动而柔美的蔷薇 Juliet 组成的弧形花束是如此楚楚动人。串联其间的粉色香豌豆让整体色调颇具甜美气息，而包围在花周的浅粉色樱小町则让外观更显轻盈。

花艺 / 森　摄影 / 落合
主角花 ＊ 蔷薇（Juliet、Oriental Curiosa）
配角花 ＊ 洋桔梗、香豌豆、樱小町、意大利莓

No.
198

新颖、优雅的
治愈系花色
让对方备感温馨

翠绿色"线球"为初夏带来清凉

谁说新颖花色只能营造稳重风格？其实，它们最适于搭配明艳、水嫩的绿色花材，可随意营造出不同风格。将不同颜色的花材与红褐色花材搭配在一起，并在花束后方点缀几枝英莲以让外观更为夺目。

花艺 / 田岛　摄影 / 山本
主角花 ＊ 孤挺花、康乃馨（Terra Nova、Deneuve 等）
配角花 ＊ 蔷薇、英莲等

No.
199

盛放的芥末驼色蔷薇
颇具秋意

颇受园丁们喜爱的蔓生蔷薇
Butterscotch 是一种能充分展
开花冠的花材，同时搭配绿中
泛红的叶材以及生有紫色花纹
的蛾蝶花会更显可爱。如此漂
亮的花束定会让对方感受到浓
浓的秋意及送花者的心意。

花艺/深野　摄影/山本
主角花＊蔷薇（Butterscotch）
配角花＊蛾蝶花、野生苹果叶

No.
200

藏于烟灰色花材中的
神秘蔷薇

在质感厚实的花材中，绿色蔷薇
和 Carousel 蔷薇显得格外抢眼。
选用红瓣边的褪色系花材能充分
营造出神秘气息。将不同开花方
式的花材组合在一起，定会让爱
花之人爱不释手。

花艺/落　摄影/落合
主角花＊菊花（Silky Girl）、蔷
薇（Carousel、Giulia）
配角花＊水仙、桉树叶等

No.
202

No.
201

让人备感欢喜的缤纷一束

名为 Giulia 的蔷薇是整个花束的
主角，因其外周花瓣呈波卷状更显
可爱。另外，再搭配几枝紫红色香
豌豆，最后系上鲜艳的粉色饰带显
得魅力四射。

花艺/Manyu　摄影/山本
主角花＊蔷薇（Giulia）
配角花＊香豌豆、花毛茛、红黄杨

甜美、轻盈的彩虹花束

各色小巧兰花组成的绚烂花束极具梦幻感。作为主角花的卡特兰也属小型花材，捆扎时可保留其长茎。兰花特有的柔韧性让花束外观显得华美而富有生机。

花艺／田中（光）摄影／山本
主角花＊卡特兰
配角花＊密花石斛、文心兰、虾脊兰、芙蓉、软羽衣草

满满的蝶形花材

形态各异的
浅色系花材

各色柔美小花
让人一目了然

不要认为用放射形小型花材制作的花束会过于松散！制作时可分别将每种花材的花冠拢在一起，然后再捆扎成束，如此就能做出外观饱满且极具活力的花束。在每朵金盏花周围点缀上洋甘菊，最后再用紫罗兰添补花间空隙即可。

花艺／增田 摄影／落合
主角花＊洋甘菊、金盏花
配角花＊香芙蓉、屈曲花、紫罗兰等

蓬松、轻盈的花束
尽显柔美氛围

No.
205

藏于小花间的艳丽花色

纤巧的白色花材簇拥着艳丽的
红色、橙色花朵，如此搭配让
外观极具视觉冲击力也极富层
次感。制作时，可将小花以分
区方式搭配在大花周围，由此
能让花茎显得摇曳生姿。

花艺／增田　摄影／落合
主角花＊花毛茛2种
配角花＊白花茼蒿、丁香、树
莓叶

醇厚花色
颇显优雅

用不同比例的红色、白色花材营造可爱风或时尚风

No.
206

No.
207

光华闪耀的平安夜花束

点缀少量白色花材能让红花显得格外柔美。制作时选用了单色及条纹型一品红,搭配相似色调的复色蔷薇能让整体氛围更协调。最后,点缀几枝雪白的大星芹以让花束外观更为生动。

花艺/岩桥 摄影/山本
主角花＊一品红2种
配角花＊蔷薇(Henri Matisse)、大星芹、松虫草、大丁草等

白花搭配红果的温润型花束

当大波斯菊盛放之时,忍冬也结出了鲜艳的红色果实。穿插在花间的红色果实会赋予花束温润气息,同时搭配一些落新妇能让花束外观更显柔美。

花艺/筒井 摄影/山本
主角花＊大波斯菊
配角花＊忍冬、落新妇

No.
208

强势的条形叶
让红、白花色更显洗练

选用红色与白色康乃馨各一种，同时搭配白色瓣边的红色康乃馨。红与白的强烈对比让花束外观极具视觉冲击力，而弯卷而成的金樱子环则让花色更显洗练。

花艺 / 桥立　摄影 / 森
主角花 * 康乃馨3种
配角花 * Protea Cordata、金樱子

选用复色花材
能让你事半功倍

No.
209

红白相间的可爱
"草莓蛋糕"

白瓣带红纹的郁金香搭配如鲜奶油般柔嫩的白色花毛莨，同时点缀几颗鲜红的草莓，再插上几根蜡烛就做成了一个形似生日蛋糕的可爱花束。如此美味的草莓可别浪费呦！

花艺/下野 摄影/有光
主角花＊郁金香（Happy Generation）
配角花＊花毛莨、草莓等

薄施粉黛的风雅佳人

图中花束的主角花为生有粉色瓣边的白色蔷薇，如此风雅的气质最适于搭配小型花材。搭配几枝白星花不仅让蔷薇的粉色瓣边更醒目，还能营造出浪漫气息。

花艺/柳泽 摄影/落合
主角花＊蔷薇（Dolcevita+）
配角花＊白星花、绣球花等

No.
210

生动、柔美的可爱花束

黄色与红色是太阳的象征，将这两种颜色的花材组合在一起极具视觉冲击力。同时，用几枝酒红色瓣边的康乃馨将红色和黄色花材串联起来。如此不仅能让外观富于韵律美感，还极具吸睛效果。另外，制作时切勿添加绿叶，以防其削弱花色的存在感。

花艺 / 市村　摄影 / 栗林
主角花＊康乃馨、大丁草
配角花＊金盏花

No.
211

Column 18

不同颜色的配角花能使复色花材呈现出不同风格

蔷薇、郁金香、康乃馨等花材中有种类丰富的复色花材，十分便于使用。通过巧妙搭配能突显出复色中的任何一种颜色，由此营造出不同风格。尤其值得一提的是"白瓣加深色瓣边"的复色花材，通过搭配不同的配角花能做出风格迥然不同的花束。因此，我们在制作之前应先确定花束风格，然后再挑选相应花材。

两种复色花材绘出的绚烂画卷

选用两种复色花材能使外观的层次感成倍增加。花束的主角花为杏粉色花瓣、白色瓣边的郁金香以及紫色花瓣、白色瓣边的马蹄莲。捆扎时将花茎及同色系小花隐于花间，会使外观呈现出图画般的立体效果。

花艺 /Manyu　摄影 / 山本
主角花＊郁金香（Gerbrand Kieft）、马蹄莲（Picasso）
配角花＊石竹、垂筒花、康乃馨等

No.
212

先准备基础花材
再插入其他花材

该方法能让初学者顺利做出外观伸展的蓬松花束。所谓"基础花材"就是构成花束基座及骨架的放射状花材、叶材及枝条等。

左图为完成的花束。利用何种基础花材能将纤细的草花做成花束？答案就在P168。

右图中的长形花材为翠雀花，该花束由上至下都极具观赏性，具体制作方法见 P172。

由长花材到短花材依次
叠合而成的竖长形花束

制作竖长形花束时，花束越长其整体平衡感就越难控制。因此，我们可以先将最长的花材置于桌上，然后构思好整体外观再动手制作花束。

捆扎花束的

步骤 3

螺旋式弧形花束最漂亮！

所谓"螺旋式扎花束"就是将各种花材的花茎按螺旋结构组合在一起，其花茎外观酷似在锅中散开的意大利面，花束中的花朵也呈漂亮的弧形。此种方法的优点是花束捆扎得紧实、不易散开。

图中花束的花茎都倾斜交错在一起，无论上看还是侧看，整个花束都呈规整的圆形。具体制作方法见 P174。

每当看到漂亮的花束时，你一定也想动手一试。
如果条件允许，请务必尝试制作一束独一无二的花束。
这里将为你介绍几种制作基础性花束的妙招。

3种方法

以放射形花材为基础进行插花 做出蓬松型花束

淡紫色 野花花束

清爽花色让人备感清新。
使用大量的芬芳香草做成
的待客用伴手礼花束。
尺寸 宽22cm×高32cm
花艺／落合 摄影／落合

No.
213

花材

a	芳香天竺葵	3枝	**b**	玉球花	3枝
c	藿香（白）	5枝	**d**	大星芹	4枝
e	薄荷	4枝	**f**	铁线莲	5枝
g	福禄考	5枝	**h**	黑种草	3枝

准备　确定花束的捆扎位置然后去除下部枝叶

1 确定花束的尺寸，然后去除捆扎位置
以下的所有枝叶。去除枝叶时应从分
枝处折断枝叶，如此更易收拢不同花
材的花茎。

> **Memo**
>
> **其他常用的基础花材**
>
> 可用叶形酷似芳香天竺葵的雪叶莲代替前者。
> 由于雪叶莲属于分枝型花材且外观饱满，可
> 支撑其他花材。

捆扎　使片状叶呈圆形铺展以做成基座

组合叶片做成圆形基座

2 将芳香天竺葵a扎成束，操作时尽量
让叶片伸展开。用食指与拇指轻握花
束，此时手类似一个放花容器。

从高株花材开始插花

3 先插入株高最高的薄荷e。插花时使花
茎向各个方向伸展，并使其外观呈拱形。
操作时应随时检查外观是否规整。

4 将福禄考g低插入薄荷之间。切勿使
花材之间距离过近，以营造错落有致
之感，从而使花束外观更蓬松。

由可爱草花做成的轻盈花束。因其花茎较细,很难规整成形。
此时,就需要叶材助你一臂之力!

应充分注意主
角花的平衡感

酒椰叶纤维的
捆扎方法见
P178

5 将玉球花 b 及剩余的 c、d、f、h 花材随意插入花束中。操作时需注意整体的平衡感,以薄荷 e 和福禄考 g 的高度为基准进行操作。

6 用酒椰叶纤维在手持处捆扎花束。操作时可一边拉紧酒椰叶纤维一边将其牢牢缠在花茎上,直至捆扎完成后方可松手。

包装　　根据花束风格选择包装材料

准备物品
蕾丝纸(白)、蜡纸(白)、饰带(白)、透明胶带

1 将蜡纸包在花束底部的保水部分直至完全覆盖酒椰叶纤维,然后用透明胶在蜡纸上方充分固定。具体保水处理方法见 P179。

2 用蕾丝纸左右包裹花束。为使花束正面外露,先用一张蕾丝纸从侧面包裹,由此能形成衬托效果。

3 再用另一张蕾丝纸从另一侧包裹花束,如此就做成了宛如罩衫衣领的可爱包装。

4 用饰带系一个小蝴蝶结。先用透明胶带固定蕾丝纸更易于打结且绳结不易松开。

完成

巧妙包装让蓬松花束显得清新、可爱,尤其是它随脚步而摇曳的姿态更显动人。

应用1

Application

利用一枝集合型
花材做花束

尝试制作以巧克力色为主色调的优雅花束

优雅的糖果型花束让人备感兴趣。选用叶片包装更显新颖。
尺寸　宽 15cm×高 22cm
花艺／佐佐木　摄影／落合

No.
214

花材

a	秋色绣球花	1枝	**b**	大丁草	3枝
c	松虫草	5枝	**d**	巧克力大波斯菊 d	10枝
e	熊草	8枝	**f**	龙血树叶	2枝

准备　先用龙血树叶做叶环

1 将龙血树叶表面朝外对折，然后用订书器固定，由此便能使叶与茎充分固定在一起。需要准备 6 个叶环。

Memo

其他常用的基础花材

荷兰景天和贯叶泽兰都属于较大的集合型花材，因其缝隙可插入其他花材与叶材，可用作基础花材。

捆扎　在秋色绣球花的缝隙中插入其他花材

使主角花呈
三角形分布

2 以秋色绣球花 a 作为花束基座，最先插入大丁草 b 并使其呈三角形分布，由此能做出 360° 无死角的弧形花束。

3 在大丁草 b 之间依次插入松虫草 c、巧克力大波斯菊 d。最后插入小花以避免被大花遮挡。

4 在花束上方插入熊草 e，再将龙血树叶 f 做的叶环围绕在秋色绣球花 a 周围。插入叶环时应使其间距基本相同，高度应略低于花材。

Application 应用 2

巧用果实型枝条

以红色果实为基础做成的蔷薇花束

甜美蔷薇与红色果实组成的花束，尽显浓浓秋意。光亮的果实让蔷薇花瓣更显透明。

尺寸　宽25cm×高25cm
花艺／落合　摄影／落合

No.
215

花材

a	红色荚蒾果	1枝
b	蔷薇（Crazy Two）	3枝
c	蔷薇（Recital）	4枝
d	蔷薇（Pink Ranunculus）	3枝
e	英伦玫瑰（Troilus）	3枝
f	蔷薇（Green Fashion）	3枝
g	蔷薇（Wedding Dress）	2枝

准备　将基础花材荚蒾进行劈分

1 挑选一枝果实较多且分枝较长的荚蒾枝条 a。保留中央的粗枝，在分枝处劈分侧枝。

Memo

其他常用的基础花材

如制作大花束可用雪果作为基础花材，如制作小花束可用金丝桃或生有蓝黑色果实的绵毛荚蒾作为基础花材。

捆扎　先用枝条做出弧形轮廓然后插入蔷薇

剪去多余枝条

2 使劈分后的荚蒾枝条 a 位于花束中央的较高位置，然后剪去捆扎处以下的侧枝。

利用果实做出圆形轮廓

3 捆扎荚蒾枝条以确认花束轮廓。用枝条做出的弧形轮廓显得十分自然，总之要使花束外观尽量呈圆形。

4 将蔷薇 b～g 插入枝条的果实框架中。操作时可让花朵稍许重叠，同时让小蔷薇尽量外露。最后可适当调整荚蒾枝条以让花束外观更为规整。

制作竖长形花束时应以最长花材作为基础花材

置于低处的粉色花朵形如绒球十分可爱

圆形天竺牡丹让摇曳多姿的花束更显可爱。
尺寸　宽20 cm×高65cm
花艺 / 佐佐木　摄影 / 落合

No.
216

花材

a	飞燕草	3枝	**c**	金光菊	1枝
b	天竺牡丹	5枝	**d**	狭叶柴胡	1/2枝

准备　将放射形花材进行整枝和劈分

1 由于狭叶柴胡 d 的分枝是由下至上呈阶梯式生长，因此花茎略显纷乱。使用时需将其间疏成图中右侧的枝条状。

2 只保留金光菊 c 茎部的叶片，然后去掉全部侧枝。保留适量下部枝叶可让其余花材更显艳丽。

> **Memo**
> ### 其他常用的基础花材
> 如制作日常型花束，可选用飞燕草或主教花为基础花材；如制作豪华型花束，可选用草兰或蝴蝶兰为基础花材。

捆扎　将花材置于桌上后先从长形花材入手

置于桌上，手持花材

3 将3枝飞燕草 a 中的最长枝条置于中间，然后手持花材置于桌上，由此能避免花材偏移，易于随时观察整个外观。

使主角花呈高低错落之感

4 由上至下依次插入天竺牡丹 b 并使其呈等边三角形。此时，应使等边三角形的底边与飞燕草 a 的宽度大致相同，由此能让外观更显协调。

5 将衔接用的金光菊 c 插入花间。另外，也可将间疏时劈分下的短枝金光菊插在花束下方。

适于愉快氛围的竖长形花束能让对方逐渐折服于它的独特魅力。
我们不妨利用长形放射状花材与饱满的大朵花材来尝试制作!

6 最后登场的是狭叶柴胡 d，将其与金光菊 c 一样插入花间。由于二者花形完全不同，操作时需适当规整其他花材。

7 在手持处系上酒椰叶纤维。如果固定位置太靠下会使花材散开，以致影响花束外观。然后需进行保水处理（P179）再包装。

酒椰叶纤维的掤扎方法见 P178

包装　　键球板式包装最适于长形花束

准备物品
薄纸 2 种（黄色·橙色）、酒椰叶纤维 2 种（粉色·橙色）、透明胶带

1 将黄色薄纸纵向对折，然后将三折的橙色薄纸夹入黄色薄纸中。由此能增强薄纸的柔韧性，同时也能做出双色包装的效果。

2 将花束置于薄纸上以确定纸宽，然后用透明胶带固定纸接缝，并用花束充分遮挡接缝。

3 确认包装是否能充分遮挡经保水处理的花茎，然后握紧花束茎部。由于薄纸极易出褶，固定时只需握紧花束茎部，让花束下部保持自然状。

4 用粉色及橙色的酒椰叶纤维固定花束。由于花束较长，固定时的蝴蝶结也应做得大一些，以使整体外观更协调。

完成

整个花束的上下比例十分协调，而双色薄纸还使花束呈现出两种感觉。

掌握高难度"螺旋式扎花法"就能做出漂亮的弧形花束

巧用放射形蔷薇做成外观饱满的花束

No.
217

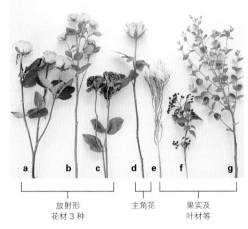

放射形花材 3 种　　主角花　　果实及叶材等

花材

a	蔷薇（Cicero）	1 枝
b	蔷薇（Rydia）	2 枝
c	洋桔梗	3 枝
d	蔷薇（Manuel）	5 枝
e	新娘花	3 枝
f	绵毛荚蒾	2 枝
g	古尼桉树叶	3 枝

桃粉色蔷薇与茶色蔷薇的组合尽现温润柔美之感，搭配的叶材与果实则让外观更显落落大方。

尺寸　宽 35 cm×高 30cm

花艺／渡边　摄影／山本

捆扎 ＊ 第 1～3 枝　　先用 3 枝花材做出螺旋结构的基础

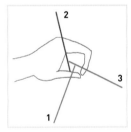

如上图所示，按序号依次加入花材。由于最初的 3 枝花材会起到支点的作用，所以最好选择枝条或放射形花材等花茎结实、外观饱满的花材。

用左手拇指与食指拿住第 1 枝花材的花茎（粉色·花材 f），然后从斜上方交差重叠住第 2 枝花材（紫色·花材 a）。操作时切勿弄错重叠方向，否则很难形成螺旋形。

用左手轻握住各花材花茎的重叠处，从后方加入第 3 枝花材（绿色·花材 g），然后同时握住 3 枝花材。

3 枝花茎的重叠处即为螺旋结构的支点，类似于扇轴。然后用拇指与食指圈住支点处，如此一来既能充分固定花茎位置，又不影响其自由伸展及移动。

捆扎 ＊ 第 4～5 枝　　沿着螺旋方向继续添加花材

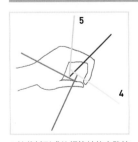

3 枝花材形成的螺旋结构空隙较大且支点也不够稳固，所以必须顺着螺旋方向再加入第 4 枝及第 5 枝花材。加入花材时无须选择特定位置，仅在空隙处即可。

从后方加入花材

如图所示，从花束后方将第 4 枝花材（黄色·花材 b）重叠在支点处，如果难以操作也可从近前添加花材。此时，需用拇指与食指握住支点以充分稳固花茎。

加入枝条和放射形蔷薇后，花束外观变得饱满一些，然后再加入第 5 枝花材（白色·花材 d）——作为主角花的大朵蔷薇。此时，应将花材从支点后方斜插入花束中。

随着花材增多，花束也越难用手固定，此时可以用食指勾住第 5 枝花材以便调节手指位置重新扎紧花束。至此，花束中又加入了新花材。

使花茎朝向呈螺旋状就能做出外观规整的放射状圆形花束。
先用手持花束的拇指与食指围成环,然后将花材插入其中。

捆扎 ✳ 第6枝　　　转动花茎的同时移动花束

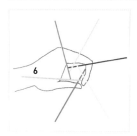

由于一直用拇指与食指固定花束,所以并不能从任意方向添加花材。当手中花材过多时,可以尝试用此方法添加花材。

斜拿第6枝花材(黄绿色·花材c)于支点后方,伸直左手中指、无名指及小指以给手心与花束之间留出空隙,然后将花茎插入此处。

将花材插入手心与花束间的空隙中,再用3根手指轻握花束。此时,加入的第6枝花材位于左手食指与中指之间。

伸直食指重新握住新加的第6枝花材,操作时需用右手轻捏住花茎。如果只用左手操作是无法形成螺旋结构的。

用右手握住花茎,并顺着左手手心方向转动花束。如此一来便能在难以添加花材的位置添加花材,然后将花束转至正面。

用左手握住6枝花材组成的螺旋形花束,然后继续添加其他花材。可将黄绿色花茎的位置标记为花束正面,由此便能随意转动花束。

Check

使花束保持垂直方向是形成螺旋形的基础

操作时一旦不小心拿偏花束就很容易失败,因为这最容易造成花茎滑动甚至从手中滑落。所以,我们在操作时务必使花束与地面保持垂直。

捆扎 ✳ 第7枝　　　从近前添加花材以使其连成螺旋形

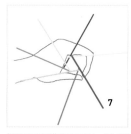

将第6枝花茎转向正面,此时螺旋结构已基本稳固,之后的操作就会轻松很多。我们只需从支点前方加入花材就能使其形成漂亮的螺旋结构。

从支点前方斜插入第7枝花材(蓝色·花材e),此时用右手拿着花材的茎端,将花茎置于左手拇指上。然后轻轻伸开食指,滑入第7枝花材。

由于花材已添加到螺旋花束中,可直接放下拿花材的右手。然后轻轻松开左手再重新握住整个花束。如此,第7枝花材也被添加进螺旋结构中。

捆扎 * 第8枝　　不断添加花茎以形成稳固的螺旋结构

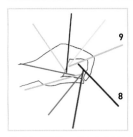

轻微松动
手指环

经过上述操作，所有花茎都紧密叠合在支点处，花束的整体结构也十分稳固。第8枝及其所有剩余花材可从近前或后方添加入花束。

将第8枝花材（红色·花材d）添加到第7枝花材的旁边。如前操作，先轻微松开左手拇指与食指围成的环，然后让花枝滑入花束的螺旋结构中。

将第9枝花材（浅蓝·花材b）添加到第8枝花材旁边。松开指环，使花材斜向进入螺旋结构。操作时不要用力挤压花材，而是将其迅速靠在其他花茎上。

以上是添加完第9枝花材的花束。由于握花束的左手还有空间，可继续添加第10枝花材，其操作要领同前。

捆扎 * 制作完成　　添加完所有花材后再规整一下外观

微调时可抓住茎端来移动花材

添加完所有花材后就做成了上图的螺旋结构。不同花材的花茎既紧密叠合在一起，彼此之间还保有一定空间。最后调整一下花材的高度和朝向，以使外观更漂亮。

添加完全部花材后，远观一下整体效果。如果花材的高度、朝向与疏密度有问题，可轻微松开左手，然后用右手调整下方花茎位置。

调整完毕后，用左手握紧全部花茎，然后用酒椰叶纤维或皮筋固定支点。如此就做成了漂亮的弧形花束。固定方法见P178。

由于所有花茎都按螺旋结构固定在一起，利于随时调整位置。我们可以通过上下移动花茎来调整花材高度，通过转动花茎来调整花材朝向。进行这些操作时只需先轻微松开左手，然后用右手抓住待调整的花材茎端适当移动即可。

Memo

从花束正面检查整体外观

即便操作时在垂直方向手持花束，也需不时地从花束正面检查外观轮廓及花色的平衡感，然后再将花束重新置于垂直方向继续操作。

制作螺旋式花束的要点

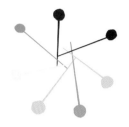

使花茎呈螺旋状叠合是螺旋式花束的基本要点

将两枝花材交差在一起的结构并不稳固，如果再添加一枝花材就能形成中心支点从而让花材彼此紧密贴合在一起。这种互相支撑的结构就是螺旋结构的原型。由此完成的花束外观呈放射状，且不易散开。制作时须用拿花束手的拇指与食指握住支点，并使最初的三根花材牢固的交叠在一起。需要添加花材时，仅需伸直其他三根手指以松动花茎即可。

要点 1

不断重复"握紧—轻微松开"的操作

正因为扇子上有扇轴才能使扇子自如地打开、闭合。同样，在充分固定螺旋支点的情况下也能随时打开、闭合螺旋结构。当你轻微松开手持花束的手指时，紧密贴合在一起的花茎就会分开。如果想调整花束中某朵花的位置，只需稍微松开固定支点的手指便可调整或去除该花材，然后再重新握紧花束以确认整体效果。此时的花束就像插入花瓶中一样，可随时进行各种调整。

握紧

用五根手指握紧花束，花束就像闭合的扇子一样收紧变细，其花冠位置也被充分固定。

轻微松开

轻微松开手指时花茎会散开，此时需用拇指与食指围成环固定花束以维持螺旋结构。

要点 2

可从花束前方、后方及两侧插入花材以形成漂亮的螺旋结构

以支点为中心充分插入花材就能做出外观规整的花束。不过，操作时切勿松开握花束的手。也许有人担心单手不便于将花材插入花束中，其实我们只需变动一下手持花茎的方向即可实现在花束前方及后方添加花材。只有在花束前后及两侧充分加入花材，才能做出完美的螺旋式花束。

花束前方

如此手持花茎能在组合进花束时充分确认花材高度。

花束后方

手持花茎的中部或近花冠处，使其由上至下滑入花束中。

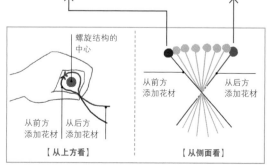

总 结　充分做好各项准备工作

准备好各种材料

在制作花束前需准备各种不同的材料,有花材、剪刀、包装材料、保水材料等,只有准备好这些材料才能开始工作。我们可先将花材放入大型容器中使其充分吸水。

固定花束以保持其漂亮外观

为防止花束散开与花材脱落,必须固定花束。常用的固定材料有两种:酒椰叶纤维和皮筋,尤其是前者既不会伤及草花的柔软花茎又能充分固定花束。下图介绍了螺旋式花束的固定方法,该方法也适用于其他形状的花束。

用酒椰叶纤维固定柔软花茎

将酒椰叶纤维浸湿

1 将固定花束支点的拇指下移一个指位,然后用左手拇指勾住纤维,用右手拉出20cm左右的长度。由于酒椰叶纤维已浸湿,十分柔软,不会轻易被拉断。

2 转动花束的同时将酒椰叶纤维缠在花茎的支点处,具体而言就是手持处稍稍偏上的位置,缠上几圈酒椰叶纤维即可。

3 打结时应将花束放于桌上,然后两手拿住酒椰叶纤维的两端打结以固定花束。此时平放花束并不会使其散开。

4 完成!用酒椰叶纤维固定花束时应尽量控制其在花茎上的覆盖面积,使其固定在一处。如此一来,花茎会更易伸展,以使花束外观更显蓬松。

用皮筋固定较硬的花茎

用双股皮筋

拉伸皮筋以使其穿过花茎

1 皮筋会损伤柔软花茎,但对于较硬的花茎完全可以放心使用。为了提高强度可使用双股皮筋。先用左手握住花束的支点处,然后给花束套上皮筋。

2 将皮筋套在花茎上,如果是螺旋式花束,应按照螺旋方向缠一圈皮筋。由于皮筋可以拉伸,可以再给花茎缠一圈皮筋。

3 继续拉伸皮筋,将其套在1~2枝花材的花茎上。虽然不同花材的花茎粗细不同,但用皮筋固定时最好缠两圈以上。

4 用皮筋固定花束时也应固定在花束的支点处。由于皮筋本身较细,也能像用酒椰叶纤维固定那样让花冠充分散开。

为了尽量延长对方欣赏花束的时间（花束保鲜期），还需做一些准备工作。
包括前期处理以及使花束保鲜的固定方法与保水方法。
只有精心对待才能让花束的鲜亮状态保持的时间更长。

正式操作前应去除下部枝叶和硬刺

花茎下方的叶片不仅增大了捆扎难度还会影响花束的整体效果，为了便于作业，我们应及时去除下部枝叶。另外，蔷薇的硬刺也极易损伤其他花茎，应用手或小刀去除。

根据赠送时间进行保水处理

保水处理能保证花束在移动期间不缺水。当你在外边赠送花束或者不确定对方的回家时间时，可采用塑料袋密封法为花束做保水处理。尤其在干燥的夏季赠送花束时，该方法更为适宜。

短时间移动花束

将菱形锡箔纸的上端回折

1 用专用纸缠卷花茎，也可用较厚的厨房用纸代替。先将浸湿的纸密包裹在花茎切口处，然后再将其缠在花茎侧面。

2 包锡箔纸。将锡箔纸呈菱形展开，然后向内回折上角。将花束置于锡箔纸上，并使其茎部位于锡箔纸上方的水平部分。然后用锡箔纸包裹全部花茎，切勿使花茎外露。

3 先将花束下方锡箔纸包在花茎上，再将左右两侧锡箔纸包在花茎上，然后用手握紧整个包裹部分即大功告成！如此一来即便用手握花束也不会使水分渗出。

3 个小时以上手持花束

包裹茎端

1 将花茎切口置于湿纸的中央，然后用纸紧密包裹花茎。此时的操作与短时移动花束的情况相同。然后回折湿纸将其缠在花茎上。

2 将缠上湿纸的花茎放入塑料袋中，然后将塑料袋充分包裹在花束的手持部位。如果担心花束缺水，可以提前在塑料袋里装一些水。

3 用透明胶带充分固定塑料袋口及手持部下方即大功告成！即便横放花束，袋中的水也不会漏出。此时的塑料袋就像一个装有水的花瓶。

用花束寄托深深情意

花语 & 花朵图鉴

Flower Language

花束中的每朵花都值得人们用心去欣赏。将拥有美妙花语的花朵赠送对方，定会让他/她备受感动。在此介绍64种表达鼓励、爱意及情谊的花语，并同时附上这些花材的上市时间、花色、开花方式及相应的注意事项。

新起点 ┊ 对他/她全新未来的暖心鼓励

大丁草

[希望]

花色●●●○○○◐

上市时间/全年

除了花颜生动的常见大丁草之外，还有卷瓣及细尖瓣品种。因其花茎极易折断，操作时需多加小心。

孤挺花

[昂首前行]

花色●●●●●◐

上市时间/全年

孤挺花卓尔不群的花姿最适于用作特殊日子的赠花。因其花瓣极易受伤，购买时最好选择花苞型植株。

马蹄莲

[欢喜]

花色●●○●●●◐

上市时间/全年

马蹄莲形如花瓣的部分其实是花叶退化而成的花苞。具体包括厚质粗茎型品种和细茎型迷你品种。

香豌豆

[出发]

花色●●○○○◐

上市时间/10～次年4月

香豌豆甘甜花香寓意着春的祝福。具体包括多花色品种和夏季开花的圆瓣宿根品种。

松虫草

[全新起点]

花色●●○○●●●◐

上市时间/全年

松虫草轻盈的伞形花冠极具田野风情。因其不耐闷热，捆扎时需及时修剪花叶。

铃兰

[幸福来访]

花色●○

上市时间/10～次年7月

在法国有每年5月1日赠送爱人铃兰的习俗。该花材虽然花形较小，香型却十分丰富。

石蒜

[光辉]

花色●●●○●●◐

上市时间/全年

石蒜挺拔的花茎上盛开着形如百合的纤细花朵。另外，花瓣极为光亮的钻石百合也是该花的近缘。

荚蒾

[满怀期待]

花色●○○

上市时间/全年

荚蒾为形似绣球花的绒球形花朵。除了易于搭配的绿色品种之外，还有可爱的粉色品种。

薰衣草

[无尽美梦]

花色●

上市时间/5～7月

该花材还可制成干花，其清爽香气具有镇静、安神的功效。

绣球花

[专注的爱]

花色●●○●○●○○◎

上市时间/6～9月、12～次年2月

绣球花既可用作主角花也可用作配角花。因其花叶易萎蔫，应及时去除枯叶。

落新妇

[恋爱到访]

花色●●○

上市时间/全年

落新妇纤细的花茎上生有的泡沫状颗粒花朵，十分特别。常用作配角花，为大朵花材增添柔美气息。

海葵

[执着的等待]

花色●●○●●○

上市时间/10～次年4月

海葵的花冠会随着不同的温度及光度闭合或张开。制作花束时最好选择花朵未全开且花瓣不透明的植株。

康乃馨

[相信爱]

花色●●○○●●●○◎

上市时间/全年

因康乃馨花期较长且花色丰富，是最常用的赠花花材。具体有华美的大花冠品种、可爱的单层瓣及尖瓣品种。

菊花

[细腻爱情]

花色●●○○○○●●●○◎

上市时间/全年

既有浅色系品种也有雅致的新颖花色。购买时应选择花叶挺实的健康植株。

唐菖蒲

[热烈恋情]

花色●●○●○○●●○

上市时间/全年

唐菖蒲为夏季花材，劈分使用能让花朵更显优雅。因其通过花苞很难判断花色，所以购买时最好选择开花的植株。

新娘花

[动人的恋慕]

花色●○○

上市时间/5～11月

新娘花清丽、透明的花朵备显高雅。购买时最好选择花叶挺实的植株。该花材原产于南非。

郁金香

[爱的告白]

花色●●○●○●○○●○◎

上市时间/11～次年4月

郁金香颇受爱花之人喜爱的代表性春季花材，每年都有新品种上市。选用重瓣开花或百合式开花的品种就能做出极具成熟气息的花束。

巧克力大波斯菊

[恋爱回忆]

花色●●○

上市时间/全年

巧克力大波斯菊因花香酷似巧克力的香味，常用于给对方制造惊喜。另外，还有珍稀的深红色的草莓巧克力大波斯菊等。

蔷薇

[热烈爱恋]

花色●●○●○○●●○◎

上市时间/全年

蔷薇是爱的象征，常用于直接表达爱意。一旦花瓣生有斑点就会遍及整个植株，挑选花材时需多加注意。

三色紫罗兰

[想我]

花色●●○○○○●●○

上市时间/11～次年3月

在莎士比亚的戏剧中，三色紫罗兰作为春药登场。制作花束时最好选择高株且生有花叶的放射形植株。

蓝星花

[彼此信任的心]

花色●○○

上市时间/全年

蓝星花可爱的星形花朵饱含着对对方的柔情蜜意，其花色有蓝、白、粉。由于茎部切口会流出白色液体，需清洗后再使用。

百合

[纯洁]

花色●●○○●○○●○

上市时间/全年

因百合原为夏季花材，最适于在暑热时节使用。应趁着花粉较硬时及时清除花粉，以免污染花瓣及花周。

丁香

[初恋的感动]

花色●○○

上市时间/全年

因丁香的花株上生有大量小花，仅用几枝就可做出漂亮的花束。该花材在4～5月时香气最佳。

勿忘我

[不要忘记我]

花色●○○

上市时间/1～6月

蓝色花材并不多见，忽忘我便是其中之一，有多个品种。为能充分突显花色，使用时应及时修剪花叶。

*花（叶、果实）的颜色为市面上所售花材及叶材的色系，用●红、●粉、●橙、●黄、○白、●紫、●蓝、●绿、●茶、●褐、◎灰、◎复色表示。

红掌花

[热情]

花色●●○○○●○○○

上市时间/全年

红掌花独特的心形花冠极具热带风情，还有小型品种。购买时应选择长花序且没有发黑的植株。

文心兰

[可爱、清新]

花色●●○○○●○○

上市时间/全年

文心兰生于柔软花茎上的褶瓣花仿佛舞动的蝴蝶，十分可爱。该花材较易干燥，需每天喷雾一次。

卡特兰

[成熟的魅力]

花色●●○○○●○○

上市时间/全年

卡特兰从华美的大朵波形瓣大种到小朵放射形品种应有尽有，堪称兰花女王。因其花瓣易伤损，处理时需多加小心。

铁线莲

[美丽心灵]

花色●●○○○○○

上市时间/3～11月

铁线莲既有重瓣品种也有可爱的吊钟形品种，不过常用的是平开型品种。该花适于多种风格的花束。

芍药

[天生的才能]

花色●●○○○●

上市时间/4～7月

芍药总会让人联想到雍容华贵的美人。另外，还有与牡丹杂交而成的黄色品种。

水仙

[神秘、崇高]

花色●●○○○○

上市时间/10～次年4月

水仙花为春天的使者，包括花香怡人、花形可爱的日本水仙以及喇叭形（或重瓣）的西洋水仙两大品种。

天竺牡丹

[华丽、优雅]

花色●●●○○○●○

上市时间/全年

天竺牡丹有球形花冠及重瓣大花冠品种，能营造出多种风格。因其花茎中空极易折断，需多加注意。另外，该花在冬季时花期相对较长。

油菜花

花色○

上市时间/12～次年3月

常让人联想起春季花田，油菜花与桃花、麦草一样是女儿节的惯用花材。购买时最好选择生有花苞且叶色浓郁的植株。

万带兰

[优雅]

花色●●○○○

上市时间/全年

万带兰花形较大，极具异国风情，最适于搭配南国风情的叶材。最常用的植株是生有紫色网纹的品种。

风信子

[端庄、可爱]

花色●●○○○●●○

上市时间/11～次年5月

风信子为春季球根花，仅一枝植株也能散发出浓郁香气。购买时应选择花茎较粗的植株，如此一来即便花朵继续生长，植株头部变重，花茎也不会轻易折断。

法兰绒花

[高洁]

花色○

上市时间/全年

法兰绒花因整个花朵覆盖着纤细绒毛而得名。由于该植株极易缺水，应用水剪法处理花茎。

香雪兰

[无邪]

花色●●○○○●○

上市时间/12～次年4月

香雪兰尤其以黄色品种最为芳香。其甘甜果香定会给对方留下深刻印象，所以该花最适于用作送别花束。

福禄考

[温和]

花色●●○○●

上市时间/6～9月

福禄考是备受人们喜爱的庭院花卉，其暗紫花色显得十分可爱。生于植株上的房状花朵会依次开放。

牡丹

[王者之风]

花色●●○○●

上市时间/11～次年4月

牡丹多层柔软花瓣显得十分华美，堪称百花之王。因其花瓣极易脱落，处理时需多加小心。

阳光百合

[温暖的心]

花色○○○●●○

上市时间/全年

阳光百合仅用一个品种就能制作出让人过目不忘的纯净花束的花材。向四周伸展的星形花瓣是如此可爱。

献上祝福 | 鲜花让成功时刻更加闪耀

嘉兰
[光荣]

花色●●○○●○◎
上市时间/全年
嘉兰形似火焰的花瓣饱含祝福之意。捆扎时可通过改变花冠朝向营造华美气息。

宫灯百合
[祝福]

花色●○○○○○
上市时间/全年
宫灯百合维生素色系的铃形花朵十分可爱。因其在夏季的花期较长而备受人们喜爱。

菖蒲
[喜讯]

花色●●○
上市时间/4～7月
菖蒲在梅雨时节也能盛开，常以花苞的状态上市。由于花苞较纤弱，切勿碰触。

一品红
[祝福]

花色●●○○
上市时间/11～12月
大红色、甜粉色及黄色一品红象征着圣诞节的来临。购买时应选择花茎较硬、外观挺实的植株。

花毛茛
[名誉]

花色●○○○○●●●◎
上市时间/10～次年5月
花毛茛为春季球根花，开放时展开的多重花瓣让人惊艳不已。该花材花色丰富、花期较长，颇受人们喜爱。

增进情谊 | 用鲜花表达出对朋友及家人的深情厚谊

翠菊
[相信我]

花色●●●○○●
上市时间/全年
翠菊花色多为中间色系，其花形较小，酷似菊花。及时去除花叶与花周之间的花萼，能让花冠更显可爱。

葱花
[不气馁]

花色●●○○●●
上市时间/12～次年8月
葱花集结成伞形或球形的小花会渐次开放，且花期较长。因其植株会散发葱味，需及时换水。

风铃花
[感谢]

花色○○○●
上市时间/11～次年8月
常见的风铃花植株上多生有成串的铃形花朵。因其花茎、花叶较柔软，植株透气性较差，需多加注意养护。

大波斯菊
[真心]

花色●●○○○
上市时间/8～10月
大波斯菊除了单层瓣品种之外，还有重瓣及筒形瓣等珍稀品种。购买时应选择花茎较硬、外观挺实的植株。

百日菊
[想念分别的朋友]

花色●●○○○●○
上市时间/5～11月
因其能在夏季庭院内长期开放，日文名为"百日草"。该花材花色丰富，囊括多种颜色，花形也十分多样。

千日红
[友谊长存]

花色●●○○○●
上市时间/全年
千日红的浑圆花冠可爱至极。用作干花时也可长久保持花色。植株结实，是夏季赠花的首选花材。

向日葵
[崇拜]

花色●●○○●
上市时间/全年
小朵向日葵植株在市面上较为常见，因其为父亲节用花而备受欢迎。及时抠出茎部切口的白芯，可延长花期。

白花茼蒿
[真实的友谊]

花色●●●○●○
上市时间/11～次年5月
白花茼蒿除了清新的单层瓣品种之外，还有球形重瓣品种。因其叶片的透气性较差，需适度修剪。

洋甘菊
[集结的喜悦]

花色○○●○
上市时间/全年
花颜生动的洋甘菊单层瓣品种原为香草的一种。生有多个细瓣的圆形洋甘菊中还有黄粉色的复色品种。

飞燕草
[信赖]

花色●○○●●○
上市时间/全年
为翠雀草的近缘，该花材花形较小且外观纤弱。分为穗状开花和放射状开花两个品种。

绿叶和果实
也有"花语"

利用绿叶、果实为花束增添一种韵味、寄托一份情意。

让花束姿态更为丰富的配角花材也有如此美好的寓意。

绿叶 →

常春藤

[信赖]

叶色●●
上市时间/全年
常春藤是易于搭配各种花材的代表性藤蔓植物。其花茎柔软，颇具动感，使用盆栽植株会更显自然。

掌叶铁线蕨

[天真烂漫]

叶色●
上市时间/全年
掌叶铁线蕨为蕨类观叶植物，其石灰绿色纤细叶片颇具凉意。因其耐旱性较差，需临近使用时再从盆栽中剪去。

翡翠珠

[青春的回忆]

叶色●
上市时间/全年
翡翠珠为粒状叶片的多肉植物，可弯卷，可垂直。赠送对方时可告知其名称。另外，还有月牙形叶片的品种。

甜葡萄藤

[希望]

叶色●
上市时间/全年
甜葡萄藤为藤蔓植物，生于柔软花茎上的5片形似花瓣的叶片十分可爱。该绿叶可用于给花束增添动感。

芳香天竺葵

[友谊]

花色●●
上市时间/全年
散发玫瑰香气或薄荷香气等有香气的天竺葵统称为芳香天竺葵，又称香草天竺葵。使用时可直接从盆栽植株上切取。

绿叶 →

果实 →

雪叶莲

[支持你]

叶色●
上市时间/全年
雪叶莲整个植株覆盖着一层白色绒毛，能赋予花材柔美气息。因植株极易缺水，使用时需使其充分吸水。

爱之蔓

[互助]

叶色●●
上市时间/全年
爱之蔓为蔓生多肉植物，其叶色暗哑。因其心形叶片呈锁状排列，又名"爱之链"。

桉树叶

[纪念]

叶色●●
上市时间/全年
桉树叶色绿中透白，也可称其为银绿色或青铜色。叶形因品种而异，有特殊香气。

雪果

[你的伙伴]

果色●●●
上市时间/8～11月
雪果常为白色或粉色的浑圆果实，适于营造甜美氛围。因其叶片易伤损，最好间疏后再捆扎。

金丝桃

[光彩夺目]

花色●●●●●●●
上市时间/全年
金丝桃生于花萼上的果实形似橡果。除了常见的红色品种之外，还有易于搭配浅色花束的中间色品种。

本书日文原版
制作者一览

相泽美佳

Design Flower 花游首席设计师
制作花束＊No.032、035、082、116、
161、175、177

Design Flower HANAYU

Itou Atsuko

制作花束＊No.008、025、077、079

Itou Atsuko

大槻 宁

花太郎主宰
制作花束＊No.005、028、054、176

Hanatarou

青木佳子

Fioretta Kei 主持者
制作花束＊No.034、070、089、109、
133、157、159

Fioretta Kei

岩桥美佳

一会 Carpe Diem 主持者
制作花束＊No.134、206

ichie carpe diem

冈田惠子

Mami Flower Design School 主持者
制作花束＊No.071

MAMI FLOWER DESIGN SCHOOL

矶部浩太

Landscape 主持者
制作花束＊No.086、120、129

Landscape

内海和佳子

Chocolat 主持者
制作花束＊No.137、138、142、144、146

Chocolat

冈本典子

Tiny N 主持者
制作花束＊No.154

Tiny N

市村美佳子

Velvet Yellow 主持者
制作花束＊No.036、037、041、095、
098、107、115、117、131、141、180、
184、194、211

Velvet Yellow

浦泽美奈

FLEURISTE MAGASIN POUSSE 主持者
制作花束＊No.022、027、031、046、
074、078、094、139、143、148、150

FLEURISTE MAGASIN POUSSE

小田切良久

制作花束＊No.149

Odagiri Yoshihisa

井出 绫

Bouquet de soleil 主持者
制作花束＊No.047、121、132

Bouquet de soleil

大川智子

VIA 主持者
制作花束＊No.038、042

VIA

落 大造、落 佳子

Les Deux 主持者
制作花束＊No.011、020、040、061、
069、101、202

les Deux

井出恭子

Rainbow Hotel New Otani 店设计师
制作花束＊No.015、178

Rainbow

大久保有加

IKEBANA ATRIUM 主持者
制作花束＊No.190

IKEBANA ATRIUM

落合惠美

Brindille 主持者
制作花束＊No.026、179、213、215

Brindille

片冈Megumi

制作花束＊No.096

Kataoka Megumi

泽田和美

Fower Studio FLORAFLORA 主持者
制作花束＊No.016、125

Flower Studio FLORAFLORA

田岛由纪子

Pas de Deux 主持者
制作花束＊No.004、023、172、196、199

Pas de Deux

胜田美纪

Paris Conseil Floral Japon 主持者
制作花束＊No.029、093、174

Paris Conseil Floral Japon

涩泽英子

Vingt Quatre 主持者
制作花束＊No.017、110、173、197

Vingt Quatre

田中光洋

Plants Total Desing Forme 主持者
制作花束＊No.001、002、003、108、163、203

Plants Total Design Forme

熊坂英明

Bear 主持者
制作花束＊No.052、084、091、135

Bear

下野浩规

PEU-CONNU 主持者
制作花束＊No.189、210

PEU-CONNU

田中佳子

La France 主持者
制作花束＊No.136、140、156

La France

熊田Shinobu

more than words 主持者
制作花束＊No.050、072、151

more than words

染谷多惠子

Pua Lani 主持者
制作花束＊No.048、064、073

Pua Lani

CHAJIN

ORIGINALFOWER STYLE CHAJIN 主持者
制作花束＊No.080

ORIGINAL FLOWER STYLE CHAJIN

齐藤理香

Field 主持者
制作花束＊No.044、049、058、059、119、158
\

Field

高桥 等

制作花束＊No.145、147、153、164、166

Takahashi Hitoshi

土田恭子

SIRY 主持者
制作花束＊No.128、186、187

SIRY

佐佐木久满

Maison Fleurie 主持者
制作花束＊No.013、099、214、216

Maison Fleurie

高山洋子

制作花束＊No.014、114、188

Takayama Yoko

筒井聪子

Flower KitChan 主持者
制作花束＊No.065、085、088、092、105、113、126、167、193、207

Flower KitChan

佐藤绘美

Honey's Garden 主持者
制作花束＊No.009、039、051、066、152、160

Honey's Garden

田口Setsuko

Atelier Andante 主持者
制作花束＊No.033

Atelier Andante

恒石小百合

STYLE OF GLOBE 主持者
制作花束＊No.060

STYLE OF GLOBE

寺井通浩

Karanara之树主持者
制作花束＊No.087

Karanara no Ki

深野俊幸

COUNTRY HARVEST 主持者
制作花束＊No.081、097、100、103、
118、162、185、200

COUNTRY HARVEST

Miyoshi Miya

Vintage&Petals 主持者
制作花束＊No.055、075、123

Vintage&Petals

中三川圣次

De Bloemen Winkel 主持者
制作花束＊No.062、067、090

De Bloemen Winkel

细沼光则

花弘 高级花艺师
制作花束＊No.182、191

Hanahiro

森 美保

Arrière Cour 主持者
制作花束＊No.012、056、111、127、198

Arrière Cour

长盐由实

Les Mille Feuilles 东京店长
制作花束＊No.053、106

Les Mille Feuilles

增田由希子

F+studio 主持者
制作花束＊No.021、204、205

F+studio

柳泽绿里

Oak Leaf 主持者
制作花束＊No.045、063、209

Oak Leaf

并木容子

gente 主持者
制作花束＊No.006、019、043、076、
112、165

gente

MAnYu

制作花束＊No.083、102、181、201、212

MAnYU

吉崎正大

asebi 主持者
制作花束＊No.124

asebi

野崎由理香

THE FLOWER HOUSE 主持者
制作花束＊No.018

THE FLOWER HOUSE

Mami山本

anela 主持者
制作花束＊No.010、068、104、130、
168、169、170、171、218

anela

吉田Miyuki

花太郎设计师
制作花束＊No.030

Hanatarou

桥立和幸

CROWN Gardenex 设计师
制作花束＊No.057、208

CROWN Gardenex

光村庄司

FLORIST ROSE GROVE 主持者
制作花束＊No.195

FLORIST ROSE GROVE

渡边俊治

BRIDES 主持者
制作花束＊No.007、122、155、217

BRIDES

林 聪子

MINI et MAXI 主持者
制作花束＊No.183

MINI et MAXI

三代川纯子

The Sence of Wonder 主持者
制作花束＊No.024、192

The Sence of Wonder

内 容 提 要

本书以粉色、红色、橙色、黄色、白色、绿色、蓝色、紫色及混合色为主题，配以大量精美图片和详细的花材介绍，为读者详细讲解了 200 多种美丽花束的制作方法。书后附有花材、叶材图鉴，为读者制作花束时挑选材料带来了便利。

本书适合喜爱花艺、想独立制作花束的读者阅读，尤其适合花艺师等参考与借鉴。

北京市版权局著作权合同登记号：图字 01-2018-8183 号

IROBETSU HANATABA * BIBLE

© KADOKAWA CORPORATION (2012)

First published in Japan in (2012) by KADOKAWA CORPORATION, Tokyo.

Simplified Chinese translation rights arranged with KADOKAWA CORPORATION, Tokyo

through CREEK & RIVER Co., Ltd.

日文原版花时间 LOGO 是日本株式会社 KADOKAWA 的注册商标

图书在版编目（C I P）数据

千颜：色彩主题花束包装设计：花时间 / 日本株
式会社KADOKAWA著；冯莹莹译. -- 北京 : 中国水利水
电出版社，2020.9
    ISBN 978-7-5170-8842-4

Ⅰ . ①千… Ⅱ . ①日… ②冯… Ⅲ . ①花束－花卉装
饰 Ⅳ . ①S688.2②J525.1

中国版本图书馆CIP数据核字(2020)第171205号

策划编辑：庄晨　　责任编辑：邓建梅　　加工编辑：白璐　　封面设计：梁燕		
	花时间	
书　　名	千颜——色彩主题花束包装设计	
	QIANYAN——SECAI ZHUTI HUASHU BAOZHUANG SHEJI	
作　　者	[日] 株式会社 KADOKAWA　著　　冯莹莹　译	
出版发行	中国水利水电出版社	
	（北京市海淀区玉渊潭南路 1 号 D 座　100038）	
	网址：www.waterpub.com.cn	
	E-mail：mchannel@263.net（万水）	
	sales@waterpub.com.cn	
	电话：（010）68367658（营销中心）、82562819（万水）	
经　　售	全国各地新华书店和相关出版物销售网点	
排　　版	北京万水电子信息有限公司	
印　　刷	雅迪云印（天津）科技有限公司	
规　　格	184mm×260mm　16 开本　11.75 印张　244 千字	
版　　次	2020 年 9 月第 1 版　2020 年 9 月第 1 次印刷	
定　　价	49.90 元	